W0256128

Ex Libris
Boyce Thompson
Institute For Plant Research Inc
Yonkers New York

Monographien zum Pflanzenschutz

Herausgegeben von Professor Dr. H. Morstatt · Berlin=Dahlem

2

Die Rübenblattwanze

Piesma quadrata Fieb.

Von

Dr. Johannes Wille

Aschersleben

Mit 39 Abbildungen

Berlin

Verlag von Julius Springer

1929

ISBN 978-3-642-89093-2
DOI 10.1007/978-3-642-90949-8

ISBN 978-3-642-90949-8 (eBook)

ALLE RECHTE, INSBESONDERE DAS DER ÜBERSETZUNG
IN FREMDE SPRACHEN, VORBEHALTEN.

COPYRIGHT 1929 BY JULIUS SPRINGER IN BERLIN.

Inhaltsverzeichnis.

Einleitung.

Unter den landwirtschaftlichen Kulturgewächsen ist die Zuckerrübe diejenige Pflanze, die erst in allerjüngster Zeit in den Wirtschaftskreis des Menschen einbezogen worden ist. Denn erst, nachdem MARG
GRAF 1747 den Zuckergehalt in der Runkelrübe nachgewiesen hatte,
nachdem durch ACHARD 1799 der Weg der fabrikmäßigen Zuckerherstellung gewiesen worden war, und nachdem man sich infolge des Drucks der
Napoleonischen Kontinentalsperre am Anfang des vorigen Jahrhunderts
der Zuckergewinnung in Europa selbst mehr widmete und späterhin auch
die fabrikmäßige Zuckerherstellung mehr und mehr vervollkommnete,
wandten sich weite Kreise der Landwirtschaft, dort wo es die Bodenverhältnisse gestatteten, dem Zuckerrübenbau zu. Wie bei jedem Kulturgewächs, das in jahrelanger Monokultur angebaut wird und das damit
die natürliche Zusammensetzung in Fauna und Flora einseitig beeinflußt,
blieben auch Krankheiten und Schädlinge beim Zuckerrübenbau nicht aus. EISBEIN konnte in seiner Schrift „Die kleinen Feinde des
Zuckerrübenbaus" im Jahre 1882, also nachdem noch nicht ein Jahrhundert seit Beginn des Rübenbaus vergangen war, zwanzig tierische
Schädlinge anführen, und seit dieser Zeit ist die Zahl der Schädlinge
ständig weiter gewachsen.

Um die Wende des Jahrhunderts gesellte sich zu den tierischen Schädigern ein neuer, bisher gänzlich unbekannter hinzu, nämlich die Rübenblattwanze. Diese, zu der Familie *Piesmatidae* gehörige Wanze tötet
durch ihren Saugstich die jungen Rübenpflänzchen (Zucker- und Futterrüben) und ruft an den Pflanzen, die den ersten Angriff überstehen, eine
schwere Kräuselkrankheit hervor, die mit schwersten Ertragsverlusten
verbunden ist. Die Kräuselkrankheit ist als eine Viruskrankheit aufzufassen, die eben durch die infektiösen Blattwanzen übertragen wird.

Die Entdeckung der durch sie hervorgerufenen Schädigungen erfolgte 1903
durch den Landwirt MAHLER in Rettkau (Kreis Glogau) in Schlesien (nach EB
HARDT, *13*). Dort hat auch EBHARDT selbst die Schäden seit 1903 beobachtet (nach
GROSSER, *22*), und die Landwirtschaftskammer für Schlesien meldet durch GROS
SER (*22*) das Auftreten der Rübenschäden seit 1907. Die Schädlinge selbst wurden
zuerst 1908 als Larven an Rüben aus dem Kreise Haynau festgestellt und schließlich 1910, als die Wanzen selbst gefunden waren, durch RÖRIG und SCHWARTZ
und durch GROSSER (*22*) als *Zosmenus capitatus* WOLFF bestimmt. Außer in den
genannten Orten Schlesiens fand sich 1910 die Wanze noch im Kreis Kottbus,

bei Frankfurt a. d. Oder und bei Särchen-Annahütte, N.-L. In Schlesien hat sich dann der Schädling ständig weitere Gebiete erobert (siehe Abschnitt III). Scheinbar unabhängig von dem Schlesischen Befallsgebiet trat die Wanze seit 1916 in der Rosselniederung nördlich von Dessau auf (*17*), von 1917 ab beschäftigt sich die Landwirtschaftskammer für Anhalt mit den Rübenwanzenschäden, und 1918 wurde durch die Hauptstelle für Pflanzenschutz in Bernburg (Prof. KRÜGER) der Schaden richtig als Rübenwanzenschaden bestimmt. Nachdem in Anhalt zunächst nur der Kreis Zerbst befallen war, dehnte sich das Schadgebiet bis 1922 auch auf die Kreise Dessau und Köthen und die angrenzenden Preußischen Gebietsteile aus. 1924 stellte DYCKERHOFF (*8*) die systematische Stellung der Rübenblattwanze richtig, indem er sie als *Zosmenus quadratus* FIEB. bestimmte, ein Name, der später auf Grund der Nomenklaturregeln in *Piesma quadrata* FIEB. verwandelt wurde. Der gleiche Verfasser (*9*) konnte auch das Auftreten der Wanze 1924 im Kreise Wittenberg feststellen. Für das Jahr 1925 wird in den „Krankheiten und Beschädigungen der landwirtschaftlichen Kulturpflanzen" (*35*) neben den bereits genannten bzw. angrenzenden Befallsgebieten das Schadauftreten der Rübenblattwanze aus Hannover und aus Württemberg gemeldet. Schließlich konnte 1927 von THIELEBEIN, SCHNEIDER und WILLE der Zusammenhang des Anhalter und Schlesischen Befallsgebietes durch eine durchlaufende Reihe von Befallsorten erstmalig festgestellt und 1928 durch eine weitere Reihe bestätigt werden.

Dieser kurz umrissene geschichtliche Überblick über das Auftreten der Rübenblattwanze zeigt gleichzeitig in großen Zügen die Ausbreitung des Schädlings in Deutschland und beweist, daß es sich bei diesem Insekt um einen sehr beachtlichen Feind des Rübenbaus handelt. Entsprechend ihrer landwirtschaftlichen und wegen der Bedrohung der Zuckerindustrie auch industriellen, somit also allgemein volkswirtschaftlichen Bedeutung hat die Wanze und die von ihr hervorgerufene Rübenkrankheit bereits eine größere Reihe von Bearbeitern gefunden. Es sind zunächst die Arbeiten der besonders betroffenen Landwirtschaftskammern von Schlesien, Anhalt und Provinz Sachsen zu nennen, an denen sich GROSSER, LASKE und OBERSTEIN, andererseits THIELEBEIN und SCHNEIDER, ferner MOLZ um die Erforschung des Schädlings verdient machten. Vom Zoologischen Institut der Universität Breslau bearbeitete SCHUBERT die Wanzenfrage. An der Biologischen Reichsanstalt für Land- und Forstwirtschaft in Berlin-Dahlem und an ihrer Zweigstelle in Aschersleben haben SCHWARTZ, RÖRIG, EXT, DYCKERHOFF und WILLE sich mit dem Problem „Rübenwanze" beschäftigt (siehe Schriftenverzeichnis).

Auf die einzelnen Veröffentlichungen dieser Autoren wird in der vorliegenden Monographie eingegangen werden, wobei sich bei einzelnen Arbeiten eine kritische Würdigung nicht vermeiden lassen wird[1]. Meine

---

[1] Während der Drucklegung der vorliegenden Monographie erschien ein Artikel von KURT R. MÜLLER über die Rübenblattwanze (Landw. Wochschr. Prov. Sachsen, **31** (1929), 138—139 und 182, 1 Kunstdrucktafel), der in Text und Bild mehrere Unrichtigkeiten enthält, worauf nur hierdurch hingewiesen sei.

Monographie stützt sich aber hauptsächlich auf eigene zweijährige Untersuchungen und Beobachtungen im Freiland (Anhalter und Schlesisches
Befallsgebiet) und im Laboratorium der Zweigstelle der Biologischen
Reichsanstalt in Aschersleben. Mir standen fernerhin durch das weit-
gehende Entgegenkommen der Landwirtschaftskammer für Anhalt die
dortigen Versuche und Akten über die Rübenwanze zur Besichtigung
und Benutzung zur vollen Verfügung. Auch aus dem Bildarchiv dieser
Landwirtschaftskammer konnte ich einige wertvolle photographische
Aufnahmen der vorliegenden Monographie einfügen. Daß auch bei Be-
sichtigungsreisen mir meine Arbeiten von dieser Kammer in großem Maße
erleichtert wurden, soll nicht unerwähnt bleiben. Der Anhalter Landwirtschaftskammer sei deshalb an dieser Stelle bestens gedankt.

I. Name und Synonyme. Systematische Stellung.

In die wissenschaftliche entomologische Literatur ist die Rübenblattwanze 1844 durch Franz Xaver Fieber (Entomologische Monographien, S. 308) eingeführt worden. Er gab eine eingehende und in allen wesentlichen Punkten auch heute noch richtige Beschreibung des Insekts, sowohl der Gattung als auch der Art. Durch Fieber erhielt die Rübenblattwanze den Namen *Zosmenus quadratus*. Der Gattungsname *Zosmenus* stammt von Laporte (*36*). Der Artname ist begründet durch die viereckige ungeschweifte Form des Vorderbrustrückens. Seit dieser Zeit hat sich der Artname erhalten, während sich der Gattungsname in *Piesma* Lep. et S. (*38*) änderte. Ebenso änderte sich die Einordnung in die Familie: zuerst von Fieber zu den *Tingididae* gestellt, wird sie jetzt nach mehreren Wandlungen in eine eigene Familie *Piesmatidae* eingereiht. Die verschiedenen Namen, die die Rübenblattwanze erhielt, sind aus folgender Aufstellung ersichtlich:

1844 *Zosmenus quadratus* Fieb. in Fieber, F. X.: Entomol. Monogr. S. 308, (S. 31) Taf. II, Abb. 7—11. Prag (*19*).

1853 *Zosmenus quadratus* Fieb. in Hahn-Herrich-Schäffer: Die wanzenartigen Insekten. Bd. 9, S. 193. Nürnberg.

1861 *Zosmenus quadratus* Fieb. in Fieber, Fr. X.: Die europäischen Hemiptera. S. 116—117 (*20*).

1873 *Piesma quadrata* Fieb. (*Zosmenus quadratus* Fieb.) in Walker, Fr.: Catalogue of the specimens of Hemiptera heteroptera in the collection of the British Museum. Teil 7, S. 5. London (*58*).

1874 *Piesma quadrata* Fieb. in Stål, C.: Genera Tingitidarum Europae disposuit. Öfversigt af kongl. Vetenskaps. Akad. Förhandl. 31, S. 45. Stockholm.

1880 *Piesma quadrata* Fieb. in Puton: Synopsis des Hémiptères-Hétéroptères de France. 2e Partie. Mem. soc. sci. agricult. et arts. Lille. 4. sér., Bd. 8, S. 3. Paris-Lille.

1893 *Piesma quadrata* Fieb. in Hüeber, Th.: Fauna germanica, Hemiptera heteroptera. H. 3, S. 291. Ulm (*30*).

1902 *Piesma quadrata* Fieb. (*Piesma* Lep. et S. = *Zosmenus* Lap. = *Aspidotoma* Curt.; *quadrata* Fieb. = *dilatata* Jak. (brach.) = *rotundicollis* Rey.) in Hüeber, Th.: Catalogus insectorum faunae germanicae: Hemiptera heteroptera. S. 17 (*31*).

1926 *Piesma quadrata* Fieb. (= f. *dilatata* Jak.) in Stichel: Illustr. Bestimmungstabellen. S. 102 (*53*).

Da, wie eingangs erwähnt wurde, die Rübenblattwanze zunächst als *Zosmenus quadratus* Wolff bestimmt worden war und früher beide

Arten unter *capitatus* vereinigt waren, so sei nur kurz über *Piesma capitata* WOLFF erwähnt, daß diese Wanze 1804 durch WOLFF als *Acanthia capitata* beschrieben und — allerdings ungenau — abgebildet worden war. Der Artname blieb bei den verschiedenen Nachbeschreibungen meistens erhalten, der Gattungsname änderte sich vielfältig, so daß wir folgende Reihe von Synonyma haben:

1804 *Acanthia capitata* WOLFF in WOLFF, J. FR.: Abb. d. Wanzen mit Beschreibungen. H. 4, S. 131, Taf. XIII, Fig. 125a, b. Erlangen (*62*).

1807 *Tingis capitata* WOLFF in FALLÉN, C. F.: Monographia Cimicum Sueciae. S. 40. Hafniae.

1807 *Acanthia capitata* WOLFF (zum Genus *Tingis* LATR.) in LATREILLE, P. A.: Genera crustaceorum et insectorum, Bd. 3, S. 140. Parisiis et Argentorati.

1809 *Acanthia capitata* WOLFF in PANZER, G. W. F.: Faunae insectorum germanicae initia. Jg. 9, H. 100, Nr. 19. Nürnberg.

1825 *Tingis capitata* LATR. = *Acanthia capitata* WOLFF (zur Division *Piesma* NOB. gestellt) in Encyclopédie méthodique: Histoire naturelle. Bd. 10, S. 653. Paris (*38*).

1829 *Tingis capitata* WOLFF in STEPHENS, J. FR.: Systematic catalogue of British insects. S. 836. London (*52*).

1833 *Aspidotoma capitata* CURT. in CURTIS, J.: British Entomology. Bd. 10.

1839 *Zosmenus capitatus* BURM. (= *Salda* PZ., = *Piesma* ENC. méth.; = *Tingis capitata* WOLFF-LATR.-FALL.-PZ.) in BURMEISTER, HERMANN: Handb. d. Entomol. Bd. 2, S. 262. Berlin.

1840 *Tingis capitata* in ZETTERSTEDT: Insecta Lapponica. S. 269. Leipzig (*64*).

1844 *Zosmenus capitatus* FIEB. (= *Zosmenus* LAP. = *Acanthia* WOLFF = *Tingis* FALL. = *Piesma* = *Aspidotoma* CURTIS; = *Acanthia capitata* WOLFF = *Tingis capitata* PZ.-FALL.-SCHÄFF.-ZETT., = *Zosmenus capitatus* BURM.) in FIEBER, FR. X.: Entomol. Monographien. (S. 30—36), S. 305—314. Prag (*19*).

1847 *Zosmenus capitatus* WOLFF (= *Acanthia capitata* WOLFF-FIEB.) in SCHOLTZ, H.: Prodromus zu einer Rhynchotenfauna Schlesiens. Übersicht d. Arb. u. Veränd. d. schles. Ges. f. vaterl. Kultur im Jahre 1846. S. 117. Breslau.

1853 *Zosmenus capitatus* WOLFF (*Acanthia* WOLFF, *Tingis* FALL., *Piesma* Encycl., *Aspidotoma* CURT., *Salda* PZ., *capitatus* WOLFF, PZ., FALL., ZETT., BURM., FIEB.) in HAHN-HERRICH-SCHÄFFER: Die wanzenartigen Insekten. Bd. 9, S. 193—194. Nürnberg.

1861 *Zosmenus capitatus* WOLFF in FIEBER, FR. X.: Die europäischen Hemiptera. S. 116—117 (*20*).

1873 *Piesma capitata* WOLFF (*Piesma* Enc. méth., *Zosmenus* FIEB.) in WALKER, FRANCIS: Catalogue of the specimens of Hemiptera heteroptera in the collection of the British museum. Bd. 7, S. 4. London (*58*).

1874 *Piesma capitata* WOLFF in STÅL, C.: Genera Tingitidarum Europae disposuit. S. 45. Stockholm.

1880 *Piesma capitata* WOLFF (= *pallida* COSTA) in PUTON: Synopsis des Hémiptères-Hétéroptères de France. 2e Partie. Mem. Soc. Science. Lille. 4. sér., Bd. 8, S. 5. Paris-Lille.

1893 *Piesma capitata* WOLFF in HÜEBER, TH.: Fauna germanica, Hemiptera heteroptera. H. 3, S. 292—294. Ulm (*30*).

1902 *Piesma capitata* WOLFF in HÜEBER, TH.: Catalogus insectorum faunae germanicae. Bd. Hemiptera heteroptera, S. 17. Berlin (*31*).

1926 *Piesma capitata* WOLFF in STICHEL, W.: Illustr. Bestimmungstabellen. 4. Liefg., S. 102 (*53*).

Die systematische Stellung der Rübenwanze hat im Laufe der Jahre seit ihrer Erstbeschreibung einige Veränderungen erfahren. Ursprünglich rechnete man sie unter die Familie der *Tingididae* (Fieber 1844), nach verschiedenen Einordnungen erhielt sie durch Walker 1873 eine eigene Familie *Piesmidae*. Von allen späteren Bearbeitern ist diese eigene Familie beibehalten worden. Folgen wir der jüngst erschienenen Bestimmungstabelle von Stichel, so ergibt sich das folgende systematische Schema:

Rhynchota (Hemiptera)

    Heteroptera

        Anonychia Reut.

            Piesmatidae A. S.

                Piesma Le P. S.

                    quadrata Fieb.

Besondere Vulgärnamen hat *Piesma quadrata* Fieb. bis heute noch nicht erhalten. Sie wird von der Landbevölkerung als „Wanze", „Rübenwanze" oder „Rübenblattwanze" bezeichnet.

II. Nährpflanzen.

Wie bereits eingangs erwähnt, ist die Rübenblattwanze ein arger Schädling an Zucker- und auch Futterrüben. Jedoch wurde dieses Schadauftreten erst um die Wende des Jahrhunderts bemerkt, während die Wanze bereits als solche seit 1844, oder noch früher seit 1804 (vgl. Abschnitt I) von wildwachsenden Pflanzen bekannt ist. Wir haben also bei *Piesma* den sehr interessanten Fall vor uns, daß sich ein harmloses Insekt durch Nahrungswechsel und Übergang von wildwachsenden auf Kulturpflanzen zu einem Schädling umwandelt. Die Schadform hat als Nährpflanzen die Zucker- und Futterrübe; an diesen sind die Rübenwanzen im Freien angetroffen und Krankheitserscheinungen des Pflanzenorganismus beobachtet worden. Die wildwachsenden Pflanzen, an denen *Piesma quadrata* vor der Zeit ihres Überganges an Rüben lebte und auch jetzt noch außerhalb der Schadgebiete ausschließlich angetroffen wird, sind die Chenopodiaceen. Diese werden auch jetzt noch innerhalb der Schadgebiete von der Wanze angenommen, wenn keine Rüben als Futter zur Verfügung stehen, z. B. im zeitigen Frühjahr. Frühere Bearbeiter haben *Piesma quadrata* an wilden Meldearten gefunden, ohne besondere Arten anzugeben (Dyckerhoff, *8, 9, 10, 11*; Ext, *17*). Ich fand sie an *Chenopodium album* und *Chenopodium hybridum*. Nach brieflicher Mitteilung von Schneider (Dessau) fand sich die Rübenwanze bei Bernburg saugend an *Atriplex hastatum, A. patula* und *Chenopodium album*. Stichel führt als Nährpflanze aus der Familie der *Chenopodiaceae* an: *Schoberia, Chenopodium, Salsola, Beta, Atriplex*, fügt aber noch die Komposite *Aster* hinzu. In der Hauptsache handelt es sich also bei den wildwachsenden Nährpflanzen um *Chenopodiaceae*. HÜEBER (*30*) erwähnt als Nährpflanzen noch „verschiedene Seestrandpflanzen am sandigen Ufer der Ostsee".

Außer den genannten Pflanzen, an denen sich *Piesma quadrata* im Freiland saugend fand, gelingt es im Versuch das Insekt an verschiedenen Pflanzen zu ernähren oder doch wenigstens für kürzere Zeit zum Saugen zu bringen. So hat SCHUBERT (*47*) die Rübenwanze an folgenden Pflanzen mit Erfolg saugen lassen: *Chenopodium album, Ch. opulifolium, Ch. polyspermum, Calluna, Reseda, Atriplex*-Arten, *Amaranthus*-Arten, *Raphanus, Sinapis, Thlapsi, Polygonum aviculare, P. bistorta*, Kohl, Spinat; sie saugten nicht an Lein, Raps und Kartoffeln. In meinen Versuchen gelang es die Rübenwanze zum Saugen an folgenden Pflanzen zu bewegen, wobei stets mehrere Kultursorten mit gleichem Erfolg geprüft wurden: Rote Rüben, Mangold, Spinat, Gartenmelde, Sauerampfer, Tomate, Bohne, Erbse, Möhre, Gurke, Rettich, Kohlrabi, Rotkohl, Weißkohl. Aus dieser Zusammenstellung der Nährpflanzen im künstlichen Futterversuch geht deutlich hervor, daß die Wanze sehr polyphag ist. Diese Feststellung ist deshalb von Wichtigkeit, weil sie die Möglichkeit eröffnet, daß von der Rübenwanze außer Rüben auch noch andere Kulturpflanzen angegangen und womöglich zu krankhaften Erscheinungen gebracht werden könnten. Ebenso zeigt die Reihe der Unkräuter unter diesen Pflanzen, daß sich dem Insekt reichlich Zwischenwirte zur Ernährung und Ausbreitung darbieten, falls infolge natürlicher Ursachen oder vielleicht bekämpfungstechnischer Maßnahmen Chenopodiaceen fehlen sollten.

III. Geographische Verbreitung und Schadgebiete.

Da die Chenopodiaceen als gewöhnlichste Unkräuter in Mitteleuropa allgemein verbreitet sind, so kann man ebenfalls für *Piesma quadrata* eine gleichmäßige Verbreitung in Mitteleuropa erwarten. Das wird durch die Fundortsangaben bestätigt. FIEBER (*19, 20*) gibt Italien (Triest) und Österreich (Wien) als Verbreitungsgebiet an, WALKER nennt Europa, HÜEBER (*30*) Schleswig-Holstein, Frankreich, Ungarn und STICHEL nennt als Fundort innerhalb Deutschlands: Schlesien, Brandenburg, Mecklenburg, Schleswig-Holstein, Anhalt, Provinz Sachsen, Thüringen, Hessen, Rheinland. Nach den Meldungen in „Krankheiten und Beschädigungen der Kulturpflanzen" (*35, 42*) sind diesen deutschen Fundorten noch zuzufügen: Grenzmark, Hannover, Württemberg.

Bei der Beurteilung des Wohngebietes der Rübenwanze sind aber auch die Fundortsangaben der *Piesma capitata* mit zu berücksichtigen, da vor der Abtrennung der Art *quadrata* durch FIEBER beide Arten als *capitata* gefunden wurden. Damit dehnt sich dann das Gebiet der Wanze bis nach Großbritannien aus (*52, 58*) und nach Osten ist nach den Angaben von VASSILIEV ihr Auftreten im Gouvernement Kiew gesichert. Es ist also mit ziemlicher Sicherheit anzunehmen, daß das Insekt über die Grenzen Schlesiens nach Osten mehr oder weniger fortlaufend sich findet. Nach Norden scheint die Verbreitung der *Piesma* bis nach Lappland zu gehen, da ZETTERSTEDT (*63, 64*) sie erwähnt, und nach Süden dehnt sie ihr Gebiet bis in die Alpen aus, wo sie in Graubünden in 560 m Seehöhe (zitiert nach SCHUBERT, *47*) von KILLIAS gefunden wurde, und wo man ihr Auftreten auch aus der Schweiz, Tirol und Steiermark meldet (*30*).

Was die vertikale Ausbreitung anlangt, so geben die letzteren Fundortsangaben schon einen Anhalt. SCHUBERT (*47*) hat sie im Riesengebirge nur in den Tälern unter 600 m Seehöhe gefunden. Wir können also dem von SCHUBERT (*47*) aufgestellten Satze durchaus beipflichten:

„Zusammenfassend kann man also Mitteleuropa von Rußland bis Großbritannien und von den Alpen bis Skandinavien unter 600 m Seehöhe als Verbreitungsgebiet nennen."

Dieses recht weite Wohngebiet der Rübenblattwanze deckt sich nun in keiner Weise mit dem Schadgebiet, denn das Insekt ist nicht an allen Orten seines Vorkommens als Schädling auf die Rüben übergegangen. Wie der historische Überblick der Einleitung bereits zeigte, wurde die Wanze als Schädling zuerst in Schlesien entdeckt. Hier ist auch ihr weitester Verbreitungsbezirk.

Nach den neuesten Feststellungen (LASKE und eigenen Beobachtungen 1928) finden sich in der Provinz Schlesien Wanzenschäden in folgenden Kreisen: Sagan, Grünberg, Freystadt, Sprottau, Bunzlau, Glogau, Lüben, Goldberg-Haynau, Guhrau, Steinau, Wohlau, Militzsch, Trebnitz, Breslau, Ohlau. In diesen Kreisen findet sich die Rübenwanze als schwerer Dauerschädling besonders im Ostzipfel des Kreises Sprottau, in der Südwestecke des Kreises Glogau, an der Grenze der Kreise Glogau und Steinau in der Umgegend von Rettkau, im Norden vom Kreise Guhrau (um Groß-Kloden herum), im Kreise Steinau rechts und links der Oder, im Kreise Wohlau nördlich der Stadt Wohlau. In den übrigen Kreisen ist ihr Auftreten mehr vereinzelt und meistens nicht sehr schwer. Das in den „Krankheiten und Beschädigungen der Kulturpflanzen" (*35*) gemeldete Schadauftreten der Wanze in Althöfchen, Kreis Schwerin, Grenzmark, wie auch die drei Anfragen über Rübenwanze im Jahre 1927 in der Grenzmark (*42*) dürften sicherlich als eine Ausstrahlung des schlesischen Schadgebietes nach Norden zu aufzufassen sein.

Das andere große und in sich geschlossene Schadgebiet der Rübenwanze liegt im Freistaat Anhalt. Hier sind die gesamten Kreise Zerbst und Dessau und die östliche Hälfte des Kreises Köthen schwer befallen. Über die politischen Grenzen von Anhalt strahlt dann das Schadgebiet auf die angrenzenden Preußischen Kreise über, so daß von der Provinz Sachsen die Kreise Wittenberg, Bitterfeld, Delitzsch, Calbe und Jerichow I mehr oder weniger stark befallen sind. Es wäre zwecklos, die einzelnen Befallsorte aufzuführen; eine genaue Umgrenzung des Schadgebietes wurde im Nachrichtenblatt für den deutschen Pflanzenschutz-

⊕ Beobachtungen verschiedener Autoren bis 1927.
● Beobachtungen 1927 von THIELEBEIN, SCHNEIDER und WILLE.
◑ Neufeststellungen 1927 auf Grund der Umfrage der Landwirtschaftskammer für Anhalt.
◒ Neue Beobachtungen 1928.

In Schlesien und Anhalt ist der mäßige Befall wagerecht, der starke und dauernde Befall senkrecht und wagerecht gestrichelt. Der Befall in Schlesien nach SCHUBERT (1927) und LASKE (1925).

Abb. 1. Das mittel- und ostdeutsche Schadgebiet der Rübenblattwanze. Orig.

dienst (*56*) gegeben, sie hat sich bis heute nicht oder nur unwesentlich geändert. Als Zentrum des Gebietes der Dauerschädigung kann man die anhaltischen Orte Mosigkau, Kochstedt, Libbesdorf und Diesdorf (alle südwestlich von Dessau) angeben. In den übrigen Gegenden finden sich die Wanzenschädigungen meistens nur in geringerem Maße.

Zwischen dem Anhaltischen und Schlesischen Schadgebiet waren bereits frühzeitig einige Befallsorte entdeckt worden (*41*), nämlich: Kottbus, Kranitz (Kreis Kottbus), Frankfurt a. d. Oder, Särchen-Annahütte N.-L. Gemeinschaftlich mit der Landwirtschaftskammer für Anhalt konnte ich (*56*) weiterhin finden, daß zu diesen genannten Orten eine ganze Reihe anderer noch hinzukommen, wo deutlicher Wanzenbefall festgestellt werden konnte. Nach diesen Beobachtungen ist das Schadauftreten der Rübenwanze in folgenden Kreisen (das Aufzählen der einzelnen Fundorte würde zu weit führen) gesichert: Schweinitz, Torgau (Südteil), Liebenwerda, Luckau, Calau, Lübben (West- und Südteil), Kottbus, Spremberg, Guben, Sorau. In diesen Kreisen tritt die Wanze nicht übermäßig schädlich auf, zumal da auch kein besonders intensiver Rübenbau getrieben wird, immerhin wird aber doch die Schädigung durch die Wanzen infolge der Blattkräuselungen sehr deutlich. Es ist also jetzt bewiesen, daß Anhalt und Schlesien nicht gesonderte Befallsgebiete sind, sondern daß beide innig miteinander zusammenhängen und somit ein großes geschlossenes Befallsgebiet vorliegt (Abb. 1). Die Befallsstellen weiter nördlich im Kreise Teltow und im Kreise Lebus sind ohne weiteres als Ausstrahlungen dieses großen Schadgebietes aufzufassen.

Neben diesem geschlossenen Befall in Mittel- und Ostdeutschland wird noch ein kleines herdartiges Auftreten der Rübenwanze aus Sehnde (Kreis Burgdorf) in der Provinz Hannover gemeldet (*35*). Schließlich ist die Wanze in Württemberg schädlich aufgetreten (*35*) in den Oberämtern Hall, Marbach, Neresheim, Waiblingen. Wahrscheinlich bestehen zwischen diesen auseinanderliegenden Oberämtern Verbindungsbrücken, wo die Wanze sich noch als schädlich findet, so daß also ein geschlossener Württemberger Befallsherd angenommen werden kann. Diese beiden Bezirke Württemberg und Hannover liegen so abgesondert, daß wir sie als zwei selbständige Herde dem großen mittel- bis ostdeutschen Wanzenschadgebiet gegenüberstellen müssen.

Dieser Überblick über das schädliche Auftreten der Wanze in Verbindung mit der Geschichte ihrer Ausbreitung (s. Einleitung) zeigt deutlich, daß die Rübenwanze ständig fortschreitend Jahr für Jahr Gelände gewonnen hat. Sie bildet also für die Landwirtschaft und Zuckerrübenindustrie eine ständig drohende Gefahr. Daß trotzdem aber bei dieser Bedrohung Einschränkungen zu machen sind, beruht auf dem biologischen Verhalten der Wanzen den einzelnen Bodenarten gegenüber (vgl.

Abschn. V, c), wodurch ihrer Massenvermehrung in bestimmten Gegenden Grenzen gezogen sind, und andererseits auf der jetzt durchaus vorhandenen Möglichkeit ihrer wirksamen Bekämpfung (vgl. Abschn. VII).

IV. Morphologie.

a. Das Vollinsekt.

Die Rübenblattwanze zeigt die charakteristischen Merkmale der *Rhynchota* (*Hemiptera Heteroptera*). Die beste Schilderung der Körperform hat FIEBER (*19*) gegeben, als er 1844 die neue Art schuf. Alle späteren Bearbeiter fußen auf dieser Beschreibung, nur DYCKERHOFF (*8*) hat ein neues Bestimmungsmerkmal hinzugefügt. Bei der Schilderung der Morphologie sollen die einzelnen Körperteile einzeln besprochen werden, wobei die zur systematischen Erkennung wichtigen Merkmale besonders unterstrichen werden.

Der Kopf mit seinen Anhängen.

Der Kopf (Abb. 2) hat bei Betrachtung von oben eine angenähert fünfeckige Gestalt, wobei die längste Seite des Fünfecks nach hinten gerichtet ist und die größte Breite des Fünfecks zwischen den Augen liegt. Diese wölben sich halbkugelig an den Seiten des Kopfes hervor, so daß sie ungefähr gleichmäßig nach der Ober- wie Unterseite verteilt sind. Vor jedem Auge sitzt je ein Fortsatz, der zwei kleine Zacken

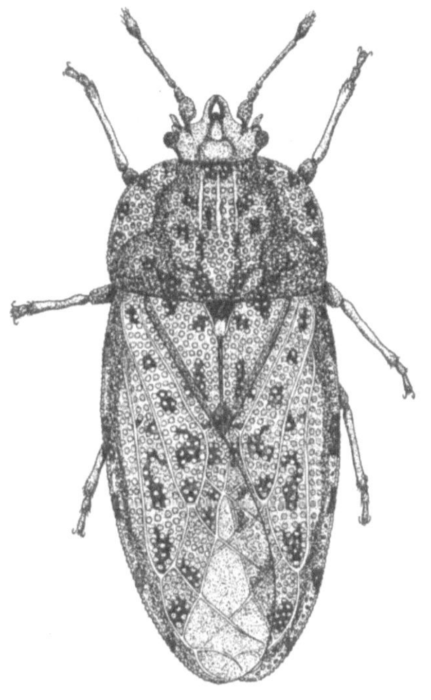

Abb. 2. Weibchen der Rübenblattwanze von der Rückenseite, nach DYCKERHOFF (*11*). Natürl. Länge 3,5 mm.

trägt, von denen der dem Auge mehr genäherte nach oben, der vom Auge mehr abgewandte horizontal nach vorn gerichtet ist. Die zwei kleinen Zacken sind ein wichtiges Artmerkmal, das DYCKERHOFF (*8*) entdeckte. Von diesen Zacken zur Mittellinie gerichtet folgt jederseits eine Grube, in der die Fühler eingelenkt sind. Diese Fühlergruben werden in der Mittellinie auseinandergehalten durch die Jochstücke. Zwischen diesen liegt die Stirnschwiele, welche so in der Mittellinie gelegen die Spitze des Kopfes bildet. Die Jochstücke verlängern sich jederseits der Stirn-

schwiele nach vorn in Gestalt der hakenförmig zur Medianlinie gekrümm-
ten und in der Horizontalen beweglichen Jochfortsätze, so daß also die
Spitze des Kopfes beiderseits von den Jochfortsätzen hakenförmig überragt wird. Bei Betrachtung von der Seite hat der Kopf ungefähr die
Form eines rechtwinkligen Dreiecks, dessen Hypotenuse dorsalwärts
liegt. Diese Profillinie wird durch die Stirnschwiele bedingt, die an der
Spitze des Kopfes schmal und niedrig beginnend nach hinten zu zwischen
und hinter den Augen nicht nur in der Höhe, sondern auch in der Breite
ständig zunimmt. Auf diese Weise entsteht auf der Oberseite des Kopfes
die Skulptur eines Dreiecks, dessen Spitze sich mit der Kopfspitze und
dessen Grundlinie sich mit der halswärtigen Scheitelseite des Kopfes deckt. Die hals-
förmige Einschnürung des Kopfes ist nur gering. Der Hals wird durch das Pronotum
bedeckt, so daß im allgemeinen bei dorsaler Betrachtung die schwache Halseinschnü-
rung fast ganz verschwindet. Auf der Ven- tralseite des Kopfes, also auf dem Kehlstück,
liegt zur Aufnahme für das nach hinten ge- schlagene Labium eine deutliche und tiefe
Rinne, die durch scharf wulstartige Aufwöl- bung der Seitenteile des Kehlstückes entsteht.

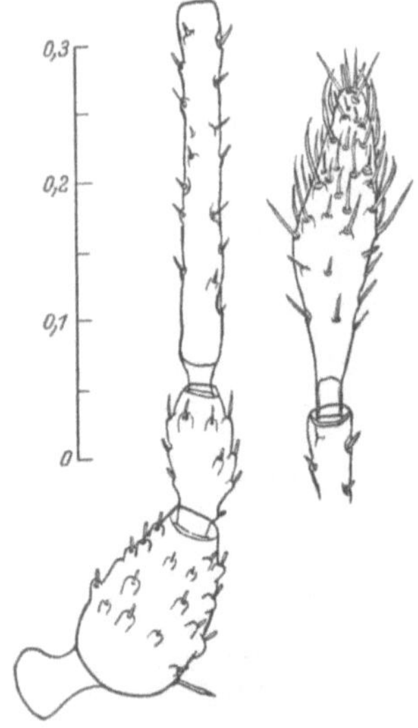

Abb. 3. Rechter Fühler von der
Rückenseite. Orig.

In den Fühlergruben trägt der Kopf
als Anhänge die beiden Antennen (Abb. 3).
Sie sind ungefähr ein- und einhalbmal so
lang wie der Kopf an seiner breitesten Stelle
und bestehen aus je vier Gliedern. Das erste
Glied ist keulen- bis kreiselförmig, indem es
nach knopfartiger Einlenkung mit einem
schlanken Teile beginnt, dann in der Mitte stark anschwillt und sich
nach außen wieder ein wenig verschmälert. Das zweite Glied ist walzenförmig und kürzer als das erste. Das dritte Glied ist schlank und stab-
förmig, etwa dreimal so lang wie das zweite, es setzt sich mit einem
kleinen schlankeren Verbindungsstück an das zweite an. Das Endglied
schließlich ist spindelförmig und stumpf abgerundet, auch seine Einlenkung zum dritten Glied ist schlanker abgesetzt; in seiner Länge entspricht es ungefähr zwei Dritteln des dritten Gliedes. An Sinnesorganen
trägt das Basalglied eine große Zahl von dicken Sinneskegeln mit abgestumpften Stiften; in geringerer Zahl finden sich diese mit wenigen
kürzeren Haaren vermischt auch auf dem zweiten Glied. Das dritte
Fühlerglied hat einen Besatz kürzerer Haare und das Endglied schließlich ist außerordentlich reich, besonders in der distalen Hälfte, mit langen

Haaren und wenigen langen, abgestumpften Stiften ausgestattet. Es sei hier noch erwähnt, daß sich auch auf den anderen Teilen des Kopfes, besonders an der Stirnschwiele, den hakenförmigen Jochfortsätzen und den zweizackigen Fortsätzen vor den Augen Sinnesstifte auf Kegeln, ähnlich wie auf dem Fühlergrundglied, verteilt finden.

Auf der Ventralseite der Kopfspitze, also unter der Stirnschwielenspitze, liegt die ovale Mundöffnung, aus welcher die vier Stechborsten (Abb. 4 und 5) austreten.

Diese werden umgeben auf der körperabgewandten Seite von der kleinen Oberlippe und auf der dem Körper zugewandten Seite von der viergliedrigen Unterlippe. Die Oberlippe ist ungefähr dreieckig und distalwärts zweizipfelig, sie schlägt sich proximalwärts um die Stechborstenbasis herum. Dorsal und nach vorn von der Oberlippe trägt die Kopfspitze ein Paar lange und daneben ein Paar kürzere Haare. Die Oberlippe und die Basis der Stechborsten bilden an der Eintrittsstelle in den Körper einen dunklen, besonders bei frisch gehäuteten Tieren deutlich durchschimmernden Wulst. Die Unterlippe liegt in Ruhelage dem Kopf an, eingebettet in die tiefe Kehlrinne, die zur Brust hin allmählich verstreicht. Die Unterlippe erstreckt

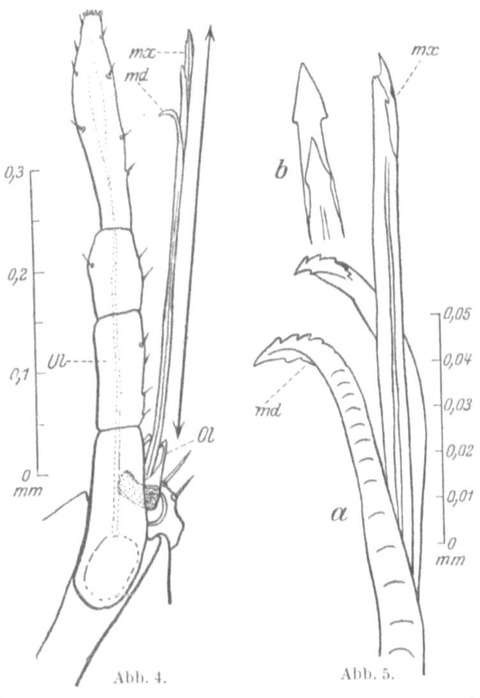

Abb. 4. Mundgliedmassen der Rübenwanze von der Ventralseite. Orig. Unterlippe (*Ul*), Mandibeln (*md*) und Maxillen (*mx*) nach vorn geschlagen. *Ol* Oberlippe. Der Pfeil rechts gibt die mittlere Dicke eines Rübenblattes (0,4 mm) an.

Abb. 5. Spitze der Mandibeln (*md*) und Maxillen (*mx*) der Rübenwanze. a von der Seite, b von der Ventralseite. Orig.

sich bis zum Prosternum, wo sie zwischen den Coxen des ersten Beinpaares in einer rinnenförmigen Einbettung endet. Von den vier Gliedern der Unterlippe sind die drei ersten walzenförmig und spärlich mit Haaren bedeckt, das äußerste Glied ist mehr spindelförmig und trägt, außer einem dichteren Haarbesatz, an seiner freien Spitze eine größere Anzahl (8 bis 12) abgestumpfter Sinnesstifte. Alle vier Glieder der Unterlippe sind infolge Einfaltung der Ränder auf ihrer Dorsalseite schlitzartig offen, so daß ein Rinnenkanal für die Aufnahme der Stechborsten entsteht.

In der Kehlrinne ist die Unterlippe durch eine ovale Anheftung kaudalwärts von der Mundöffnung befestigt. Das Stechborstenbündel, das in der Unterlippe liegt, setzt sich aus vier Teilen zusammen: den beiden Mandibular- und den beiden Maxillarborsten[1]. Die beiden Maxillarborsten bilden zusammen ein fest verfalztes Bündel derart, daß die Gräten sich niemals beim lebenden Tier voneinander lösen. Im Innern dieser beiden Stechborsten laufen bekanntlich der Saug- und der Speichelkanal. Die Maxillarborsten enden mit einer merkwürdig gestalteten Spitze: bei Seitenansicht ist sie leicht gekrümmt, wobei die eine Borste die andere überragt und bei Ventralansicht zeigt sich, daß jede der beiden Borsten eine lanzettförmige Spitze trägt. Die Mandibularborsten umschließen die Maxillen, indem sie sich mantelartig ineinandergreifend darum legen. Der Zusammenschluß der Mandibularborsten ist viel loser, so daß häufig, auch beim lebenden Tier, die Mandibeln, zumindest ihre Spitzen, sich vom geschlossenen Stechborstenbündel abspreizen. Jede Mandibel endet mit einer scharfen Spitze, die zähnchenartig und widerhakig gestaltet ist, außerdem trägt jede Mandibel auf ihrer Außenseite noch eine Strecke hinter der Spitze halbmondförmig gekrümmte, feine rinnenartige Skulpturen. Die basalen Teile der Stechborsten enden, nachdem sie beim Durchtritt durch die Mundöffnung an der Kopfspitze einen scharfen Knick gebildet haben, im Innern des Kopfes, indem sie sich nach den Seiten auseinanderspreizen. Die Mandibeln enden mit ihrer Basis weiter vorn und mehr dorsal in der Kopfkapsel und sind durch Muskelzüge besonders am medianen Rand der Fühlergrube befestigt. Die Maxillarborsten enden tiefer und mehr ventral im Kopf; ihre hauptsächlichste Befestigung liegt, durch Vermittlung einer chitinigen Spange, an der Einschnürung des Kopfes hinter den Augen.

Die Brust mit ihren Anhängen.

Von den drei Brustabschnitten, Vorder-, Mittel- und Hinterbrust, ist die Vorderbrust (Abb. 2) der am stärksten entwickelte Teil. Die Rückenbedeckung der Vorderbrust, das Pronotum, gibt der Rübenwanze das charakteristische Aussehen, während die Rückenteile der Mittel- und Hinterbrust infolge der Bedeckung durch die Flügel bis auf das Skutellum gänzlich verschwinden. Das Pronotum ist von viereckiger, trapezförmiger Gestalt, die vorderen Seitenecken sind breit blattartig abgerundet und niedergedrückt, das ganze Pronotum ist gewölbt. Die hinteren Seitenecken bilden je einen stumpfen Winkel. Von größter systematischer Wichtigkeit ist, daß die Seitenränder des Pronotums ganz ge-

---

[1] Es scheint hinsichtlich der Deutung der einzelnen Stechborstenpaare keine Einigkeit bei den verschiedenen Bearbeitern der Hemipterenmundwerkzeuge zu herrschen (vgl. HANDLIRSCH, S. 1220). Ich folge hier der Auffassung von WEBER, KOLBE und nicht der von HASE (*27*), BUGNION und anderen.

rade und nicht geschweift verlaufen. Der halswärtige Rand ist ganz
schwach eingezogen, der kaudale Rand ist leicht ausgebuchtet. Bei seit-
licher Betrachtung erscheinen die Ränder des Pronotums scharf. Infolge der nieder- und eingedrückten Form der Halsecken sind die übrigen
Teile der Vorderbrust, also die mittlere Vorderhälfte und die ganze Hin-
terhälfte, stark beulenförmig hervorgehoben, wie es aus Abb. 2 gut hervorgeht. In der Mitte dieser Emporwölbung des Pronotums erheben sich
unmittelbar oder knapp hinter der Halseinbuchtung beginnend und sich
wenig über die Mitte hinweg nach hinten erstreckend, drei feine, aber
deutliche Kiele, deren Vorhandensein eines der wichtigsten Artmerkmale
ist. Auf der Ventralseite der Vorderbrust sind die Vorderbeine ungefähr
in der Mitte eingelenkt. Infolge ihrer, in erhabenen und der Mittellinie
dicht genäherten Gelenkpfannen eingebetteten Hüften entstehen auf der
Bauchseite jederseits drei wulstartige Erhebungen. Das kranial gerichtete Wulstpaar ist in der Mittellinie rinnenartig tief eingeschnitten zur
Aufnahme der nach hinten geschlagenen Unterlippe. Alle Teile der Vorderbrust sind in besonderer Weise skulpturiert: es finden sich ganz gleichmäßig verteilt eine große Zahl von kleinen runden, napfartigen Vertiefungen, deren Durchmesser zwischen 21 und 44 μ schwankt. Bei
schwacher Vergrößerung scheint also die Vorderbrust „punktiert" zu
sein. Da diese Vertiefungen stets hell gefärbt sind, heben sie sich von
dem umgebenden, maschenartig erscheinenden Chitin ab, besonders an
den Stellen, wo dieses dunkle Fleckenzeichnung trägt (vgl. Abschn. Färbung).

Die Mittelbrust hat ein glattes gewölbtes Mesonotum von ungefähr
dreieckiger Gestalt: die Basis des Dreiecks liegt kopfwärts, die Spitze
wird durch das erhabene Scutellum gebildet. Der Vorderrand des Mesonotums wird durch das Pronotum überdeckt. Das Schildchen, welches
stets zwischen den Flügeln sichtbar bleibt, hat eine dunkle Basis und
eine weißgelbe, nach hinten gerichtete knotige Spitze. Das Schildchen
ist nicht napfartig skulpturiert, sondern trägt ein schwaches Muster von
kleinen Waben und eckigen Maschen. An den äußeren Hinterecken des
Mesonotums buchtet sich jederseits eine kleine halbkugelige Beule hervor, die mit stumpfen Zähnchen besetzt ist. Diese Beule entspricht einer
flachen Ausbuchtung mit zahnartigem Fortsatz im umgeschlagenen
Außenrand des Vorderflügels und dient auf diese Weise zum Festhalten
dieses Flügels im zusammengelegten Zustand. An den äußeren Vorderecken der Mittelbrust sind die Vorderflügel angeheftet. Auf der Ventralseite der Mittelbrust ist ein kopfwärtiger, glatter und mit schwacher
Mittelrinne ausgestatteter Teil, der durch die Pleuralteile der Vorderbrust überdeckt wird, von einem napfartig skulpturierten hinteren Teil
zu unterscheiden. In diesem, dem Hinterrande und einander dicht genähert, sind die Hüften der Mittelbeine eingelenkt.

Die Hinterbrust schließlich ist einfach gebaut. Das Metanotum umgibt bandartig die Dreiecksform des Mesonotums und ist kaudalwärts von einem nach hinten schwach ausgeschweiften Rand begrenzt. Die sämtlichen Ränder des Metanotums sind erhaben. An den äußeren Vorderecken des Metanotums sind die Hinterflügel angeheftet. Auf der Bauchseite ist die Hinterbrust wieder napfartig skulpturiert, es erstrecken sich hier von den Seiten bis zur Mittellinie breite, nach hinten etwas überragende Platten. In der Mittellinie, den Mittelhüften genähert, sind die Hinterhüften eingelenkt. Zwischen diesen beiden Hüftpaaren liegt eine glatte sechseckige Platte, die als verschmolzenes Meso- und Metasternum aufzufassen ist. In der Hinterbrust finden sich keine schlitzartigen Mündungen von Stinkdrüsen, ebenso scheinen die Atemöffnungen zu fehlen. Eine genaue Lösung dieser beiden Fragen müßte durch Schnittserien geklärt werden.

Die Flügel (Abb. 2) sind die dorsalen Anhänge des Thorax. Die Vorderflügel besitzen alle für den Heteropterenflügel charakteristischen Teile: Corium, Clavus und Membran. Der ganze Flügel besitzt einen nach unten umgeschlagenen Außenrand. Das Corium wird, außer von den beiden Randadern zur freien Außenseite und zum Clavus zu, in seinem Mittelteil von drei Adern durchzogen, die sich sämtlich in der Membrangrenznaht durch eine Querader untereinander verbinden. So entstehen auf dem Corium zwei breite Mittelfelder, ein Außenrandfeld und ein schmales Innenrandfeld. In der Membran finden sich außer der Außenrandader vier Längsadern, von denen sich die äußerste gabelt. Das eine Gabelstück verschmilzt in seinem weiteren Verlauf mit der Außenrandader, das andere wendet sich bogenförmig nach innen. Alle Längsadern auf der Membran werden gekreuzt durch eine große Querader, die sich ungefähr zwischen dem inneren ersten Drittel und den beiden äußeren Dritteln erstreckt. Auf diese Weise entstehen eine entsprechende Anzahl von Membranmaschen. Der Clavus schließlich besitzt eine starke Innenrandader, eine schwache Randader zum Corium zu und dieser genähert eine einfache Längsader. Der ganze Vorderflügel ist napfartig skulpturiert von der Anheftung bis zur Membranquerader. Die von dieser nach außen zu gelegenen Maschen sind ohne Skulptur und einfach glatt häutig.

Das Hinterflügelpaar ist häutig, ihre Aderung ist deutlich und gut ausgebildet. Von den Adern sind deutlich zu unterscheiden: Costa primaria, subtensa, connectens, apicalis und decurrens; die apicalis ist nahe der Spitze einmal gegabelt. Von costae lineatae sind ein bis zwei schwach ausgebildete und von den costae radiantes eine ebenfalls schwache und eine in stärkerer Ausbildung vorhanden. Wie SCHNEIDER zuerst feststellte, findet sich auf der Unterseite der Hinterflügel der Männchen der Rübenblattwanze eine Schrilleiste. Sie ist auf der Basis der costa subtensa gelegen, die an dieser Stelle stark verdickt und durch leistenartige Erhebungen und dazwischenliegende Einkerbungen gerieft ist (Abb. 6). Diese Schrilleiste findet sich nur bei den Männchen, die Weibchen besitzen sie nicht, sondern nur eine ganz schwache Querstreifung auf einer Chitinverdickung der costa subtensa.

In Ruhelage decken die Vorderflügel die Hinterflügel und den Hinterleib völlig. Sich selbst decken sie meistens links auf rechts, doch kommt auch das umgekehrte Decken vor.

Jedes der drei Brustsegmente trägt ein Beinpaar. Diese sechs Beine der Rübenblattwanze sind in der Form des Insektenlaufbeines gebaut und zeigen keine Besonderheiten. An Abschnitten sind zu unterscheiden: Coxa, Trochanter, Femur, Tibia und zweigliedriger Tarsus, der mit einem Krallenpaar endet. Unterhalb jeder der starken gebogenen Krallen sitzt ein stark entwickelter Haftlappen. Auf den einzelnen Teilen des Beines findet sich ein Besatz kräftiger kurzer Haare.

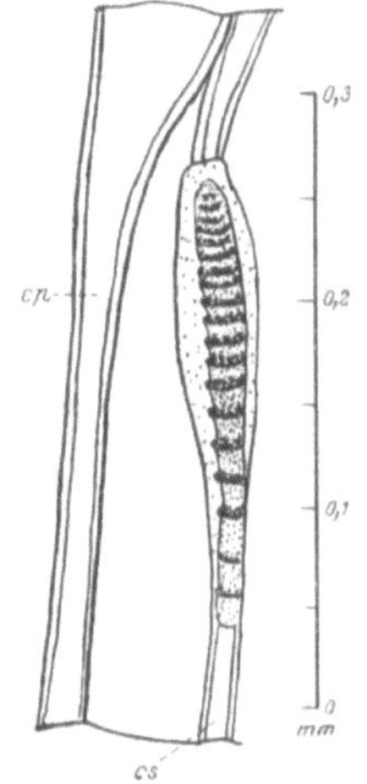

Abb. 6. Schrilleiste auf dem linken Hinterflügel (Ventralseite) des Männchens der Rübenblattwanze. Orig. *cp* Costa primaria, *cs* Costa subtensa.

Der Hinterleib und seine Anhänge.

Der Hinterleib (Abb. 7 und 13) setzt sich bei beiden Geschlechtern aus neun äußerlich sichtbaren Segmenten zusammen. An jedem Segment kann man das Notum, die Pleuren und das Sternum unterscheiden. Im ersten Segment ist sowohl beim Männchen, als auch beim Weibchen das Sternum weitgehend unterdrückt und nur noch in Form einer schmalen Spange bzw. eines schmalen Chitinstreifens erhalten, außerdem wird es von den nach hinten übergreifenden Pleurenplatten der Hinterbrust überdeckt. Vom 7. Segment an sind die Hinterleibsringe in beiden Geschlechtern infolge der Anhangsgebilde der Geschlechtsorgane weitgehend verändert. Sonst stellen sie sich als mehr oder weniger einander parallele Ringe dar. In den vorderen Segmenten liegt auf der Dorsalseite jederseits neben der wenig gewölbten Notumplatte die gerade, ungefähr viereckige bis trapezförmige Pleurenplatte, während die ganze Bauchseite vom stark gewölbten Sternum eingenommen wird. Vom 6. Segment ab greifen die Pleurenplatten auf die Bauchseite über. In den Pleuralplatten, jedesmal ihrem Hinterrande genähert, liegt die Stigmenöffnung. Die sieben Paar Atemöffnungen sind also bis zum 5. Segment nach der Rückenseite gerichtet; im 6. und 7. Segment sind sie nach hinten und außen gerichtet, indem sie zackig bläschenförmig, besonders beim Weibchen, hervortreten. Auf der Rückenseite zeigt der Hinterleib bei beiden Geschlechtern noch eine Besonderheit: das dritte Rückenschild ist in der Mittelinie nach hinten ausgebuchtet, das vierte ist entsprechend an seinem Vorderrand U-förmig ausgeschnitten. Das gleiche wiederholt sich, allerdings in nicht so starker Ausbildung zwischen viertem und fünftem Rückenschild. In den Außenecken dieser Buchten, also paarig, liegen kleine schmale Schlitze. Beim lebenden Tier kann man hier häufig auf Druck winzige Mengen einer Flüssigkeit austreten sehen, wobei sich dann auch der typische „Wanzengeruch" verbreitet.

Diese dorsalen Ausbuchtungen zwischen dem 3. zum 4. und zwischen dem 4. zum 5. Segment stellen also die Mündungen von flachen taschenartigen Stinkdrüsen dar, die scheinbar in den Intersegmentalhäuten gelegen sind. Genaueres über diese Stinkdrüsen müßten histologische Schnitte ergeben.

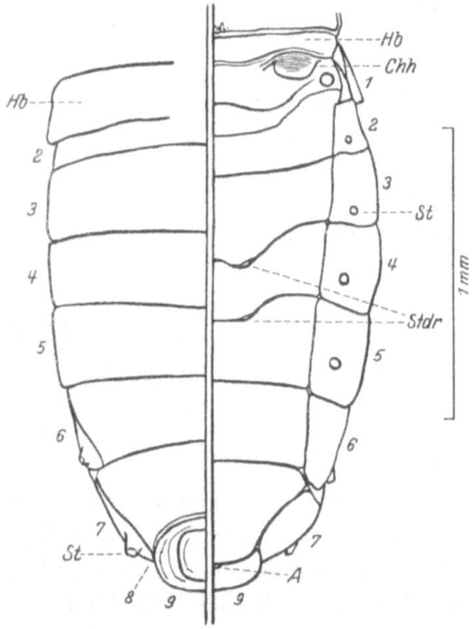

Bemerkenswert ist ein Organ, das sich nur beim Männchen findet: Es ist dies ein Paar von halbkreisförmigen Chitinhöckern (Abb. 7), die sich an den Außenseiten am kranialen Rande des ersten Notums finden. Die Oberfläche dieser Höcker ist fein gerillt. Die Höcker greifen

Abb. 7. Hinterleib des Männchens der Rübenblattwanze, rechts Rücken-, links Bauchseite. Orig. *Hb* Hinterbrust, *1—9* erstes bis neuntes Segment, *St* Atemöffnung, *Chh* Chitinhöcker, *Stdr* Stinkdrüsen, *A* Afteröffnung.

jederseits an den Schrilleisten an der Unterseite der Hinterflügel an und können so durch Bewegung des Hinterleibes eine Reibung und dadurch eine schwache Tonerzeugung ausführen (*43*).

Der Hinterleib trägt als Anhänge die Geschlechtsorgane. Beim Männchen (Abb. 7) endet bei Dorsalansicht der Hinterleib mit der siebenten geschwungenen und am Ende halbkreisförmig begrenzten Rückenplatte und anschließend mit dem von oben ringförmig erscheinenden 9. Segment, das die Geschlechtsanhänge enthält. Das 8. Segment verschwindet bei dorsaler Betrachtung vollständig. Zwischen 7. und 8. Segment liegt dorsal die Afteröffnung. Auf der Bauchseite ist das 7. Segment in der Mitte halbkreisförmig eingeschnitten und trägt in diesem Einschnitt das 8. und 9. Segment gelenkig verbunden und einge senkt. Das 8. Segment hat eine ringförmige, ganz schmale Gestalt und stellt sich als röhrenförmiges Verbindungsglied dar (Abb. 8), welches besonders durch seine sehr dehnbaren Intersegmentalhäute weit heraus gestreckt werden kann, in eingezogenem Zustande aber kaum bemerkbar ist. Das 9. Segment (Abb. 8) hat eine fast rechteckige und kastenförmige Gestalt mit einer dreieckigen bis ovalen Öffnung auf der Dorsalseite, aus welcher die männlichen Geschlechtsorgane austreten, und einer knopfartigen kugeligen Vorwölbung auf der Ventralseite, die dem ventralen Hinterleibsende die charakteristische Gestalt gibt. Diese dorsal gelegene Geschlechtsöffnung ist also im eingezogenen Stadium auf die Rükkenplatte des 7. Segments von unten her aufgepreßt, da ja das 8. Segment im Einschnitt des 7. fast ganz verschwindet. Die Öffnung des

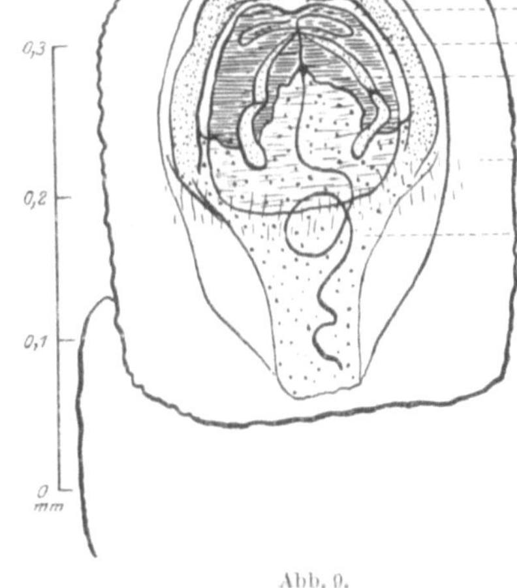
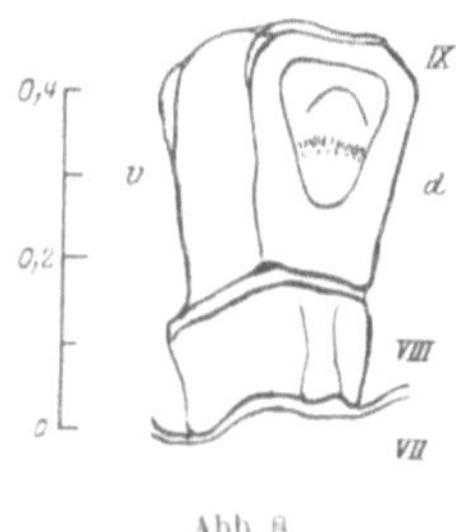

Abb. 8. Abb. 9.

Abb. 8. Achtes und neuntes Hinterleibssegment des Männchens der Rübenblattwanze, schräg von der Seite und ausgestülpt. Orig. *VII—IX* siebentes bis neuntes Segment, *v* ventral, *d* dorsal.

Abb. 9. Neuntes Hinterleibssegment des Männchens der Rübenblattwanze, von der Dorsalseite. Orig. *VIII, IX* achtes, neuntes Segment, *gr* Begrenzungslinie der inneren Höhle, *klo* Klammerorgane, *gra* Begrenzung der Außenöffnung (diese selbst schraffiert), *pf* Penisführungsspangen, *pw* Peniswulst.

9. Segments (Abb. 8 und 9) ist in ihrem kranialen Teil durch eine zarte durchschimmernde Membran, die einzelne Härchen trägt, abgeschlossen. Aus ihrem kaudalen Teil können einmal die paarigen Klammerorgane (Abb. 9 und 10) und dann der Penis mit der wulstartigen Penisbasis und den Penisführungsspangen (Abb. 9 und 11) herausgestreckt werden. Die Klammerorgane sind im Grunde der Öffnung des 9. Segments und am Peniswulst befestigt, sie haben hakenartig gekrümmte Gestalt, sind von mittelbraunem Chitin gebildet und tragen auf ihrer Innenseite und auf dem platten- bis knopfartig verbreiterten Außenrande kräftige Haare. In ausgestrecktem Zustand schlagen sie sich kranialwärts ein. Zwischen den Klammerorganen und kranialwärts liegt der spiralig aufgerollte Penis, der kranialwärts in die wulstige muskulöse Penisbasis übergeht und kurz

2*

hinter seinem freien Austritt von zwei feinen Doppelspangen begleitet
wird, die zur Führung des dünnen Penisrohres dienen. Der Penis ist
ein sehr feines chitiniges hellgelbliches Rohr, das in seinem frei aus-
streckbaren Teil eine Länge bis zu 1,5 mm erreicht, also ungefähr gleich
ist der Hälfte der Körperlänge. Das freie Ende des Penis (Abb. 12) ist
in besonderer Form zackig zugespitzt und schräg abgeschnitten und trägt
die Öffnung nach der einen Seite auf der schrägen Fläche verschoben.
Kurz hinter der Spitze beginnt eine feine schräge und spiralige Ringe-
lung auf dem Penisrohr, die sich
bis zur Basis erstreckt, wo dann
eine häutige Verbindung ansetzt.
Im Peniswulst (Abb. 9 und 11) ist
das Penisrohr noch in spiraliger
Aufwicklung weiter zu verfolgen
bis zu einer knopfartigen Erwei-
terung. An dieser setzt sich dann

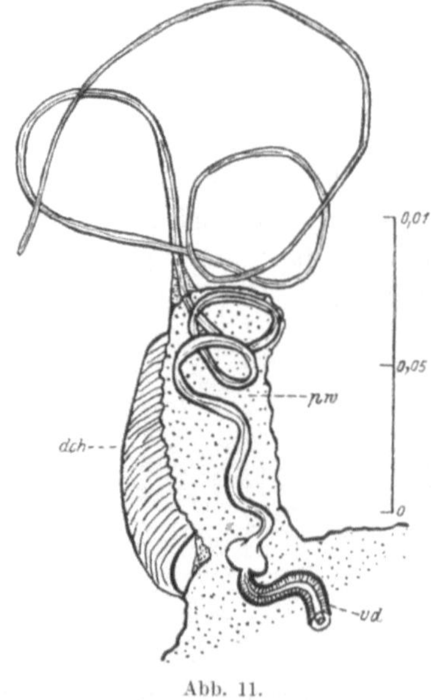

Abb. 10.   Abb. 11.

Abb. 10. Klammerorgane des Männchens der Rübenblattwanze, ausgestrekt und links (*l*) nach
vorn eingeschlagen. Orig. *hm* behaarte Membran, *vpw* Verbindung mit Peniswulst.
Abb. 11. Penis der Rübenblattwanze. Orig. *pw* Peniswulst, *vd* Vas deferens, *dch* dorsale querge-
streifte hellbraune Chitinhaut des Peniswulstes.

das mit deutlichem Epithel ausgekleidete Vas deferens an. Der Peniswulst ist auf seiner nach außen in der Höhlung des 9. Segments frei-
liegenden Seite mit einer hellbraunen Chitinhaut bedeckt, die eine
schwache Querstreifung zeigt.

Beim Weibchen (Abb. 13) besitzt der Hinterleib auf der Rückenseite in der 7. Notumplatte eine kopfwärtige Einbuchtung, in welcher
die schwach untergeteilte und dadurch paarige Rückenplatte des 8. Segments eingebettet liegt. Die Pleuriten des 7. und 8. Segments sind an
ihren hinteren Ecken zipfelartig ausgezogen und ergeben mit den Platten
des 9. Segments zusammen die charakteristische Kontur des weiblichen
Hinterleibsendes der Rübenblattwanze. Anschließend an die paarige
Rückenplatte des 8. Segments folgt eine kleine dreieckige Platte, die

Supraanalplatte, unter der der After liegt. Das 9. Segment endet mit zwei Zipfeln, die als das kaudale Gonapophysenpaar aufzufassen sind. Auf der Ventralseite des weiblichen Hinterleibes ist bereits die 6. Bauchplatte tief kranialwärts eingebuchtet; die 7. Bauchplatte ist völlig in zwei Platten, jede von trapezförmiger Gestalt, unter- geteilt; diese beiden Platten tragen in ihrem inne- ren hinteren Winkel wieder die schon beim Thorax besprochene napfartige Skulpturierung und dieser innere Winkel ist in Dreiecksform über den Gon- apophysen etwas emporgehoben. Die nach hinten fast gerade abgeschnittenen paarigen Bauch- platten des 7. Segments überdecken in zusammen- gelegtem (Ruhe-) Zustand alle Geschlechtsorgane des Weibchens fast völlig. Nach hinten sehen nur die Pleuriten des 8. Segments und das kaudale Gonapophysenpaar des 9. Segments heraus, wäh- rend die in der Mittellinie geteilten Bauchplatten

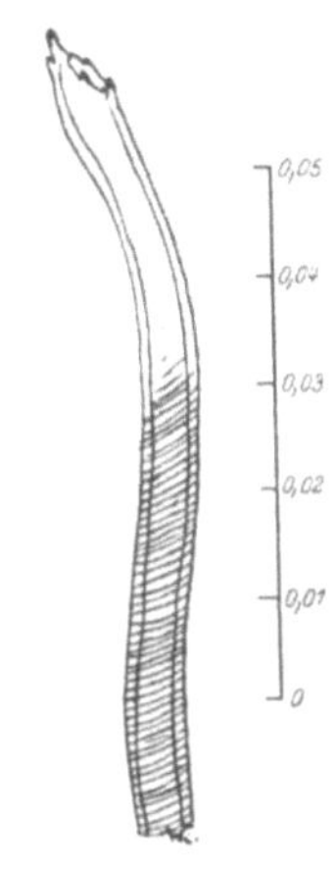

Abb. 12. Spitze des Penis der Rübenblattwanze. Orig.

des 8. Segments völlig bedeckt sind. Bei der Begattung und bei der Ei- ablage öffnen sich die paarigen Bauchplatten des 7. Segments, beson- ders in ihrem inneren Dreiecksfeld durch Em- porwölbung, schräg nach auswärts und lassen noch die beiden anderen Gon-

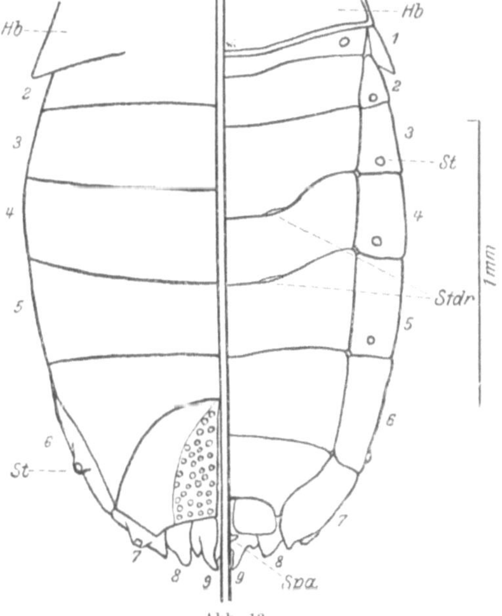

Abb. 13.

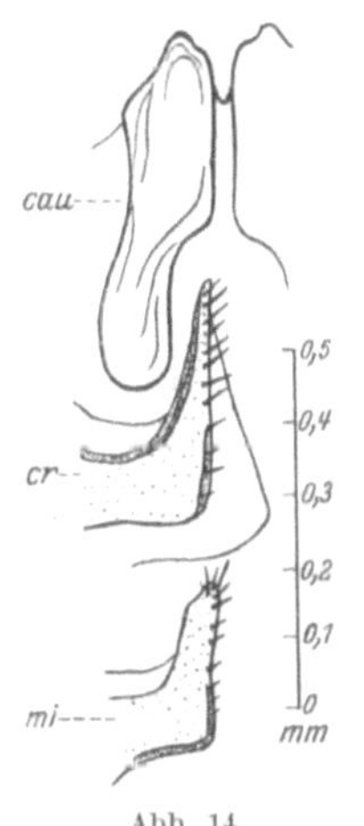

Abb. 14.

Abb. 13. Hinterleib des Weibchens der Rübenblattwanze, rechts Rücken-, links Bauchseite. Orig. *Hb* Hinterbrust, *1—9* erstes bis neuntes Segment, *St* Atemöffnung, *Stdr* Stinkdrüsen, *Spa* Supra- analplatte. — Abb. 14. Gonapophysen der Rübenblattwanze, nur die rechtsseitigen ausgezeichnet. Orig. *cau* kaudale, *cr* kraniale, *mi* mittlere Spangen.

apophysenpaare hervortreten, nachdem sich auch die geteilte Bauchplatte des 8. Segments auseinandergezogen hat.

Diese Gonapophysenpaare (Abb. 14) sind von spangenartiger Gestalt, aus hellgelbem Chitin, welches an den Seitenteilen durch stärkere dunklere Chitinstäbe gestützt wird. An den Spitzen und den Medianseiten findet sich ein teilweise kräftiger Haarbesatz. Die mittleren Gonapophysen legen sich völlig unter das mediane Häutchen der kranialen. Die kaudalen Gonapophysen schließlich sind in ihrem proximalen Teil taschenartig beiderseits ausgehöhlt, so daß sich die kranialen und mittleren Gonapophysen völlig hineinlegen können derart, daß sie bei zusammengeklappten kaudalen Apophysen fast völlig verschwinden. Der proximale Teil des kaudalen Apophysenpaares verschwindet wieder unter den paarigen Bauchplatten des 7. Segments, während ihr distaler Teil, der aus zwei durch eine schmale Rinne getrennten Lappen besteht, das Hinterleibsende des Weibchens bildet. Die Geschlechtsöffnung liegt zwischen den kaudalen Apophysen einerseits und den mittleren und kranialen andererseits.

Eine Untersuchung der inneren Geschlechtsorgane des Weibchens (Abb. 15) zeigte eine besondere Anpassung an die spiralige und lange Form des Penis. Die äußere Geschlechtsöffnung führt zunächst in einen dehnbaren ampullenartigen Vorhof, von dem sich in der Mittellinie und ventralwärts ein feines einfaches Rohr abzweigt, welches dann nach einer kurzen ampullenartigen Anschwellung in ein spiralig bis schneckenartig gewundenes weiteres Rohr übergeht, welches stärker chitinisierte Wandung besitzt. Diese innere Vagina besitzt einen dickeren Anfangsteil, in welchem die Wände mit starken chitinigen Längsleisten besetzt sind, und endet blind mit schwach knopfartigem Abschluß. Die

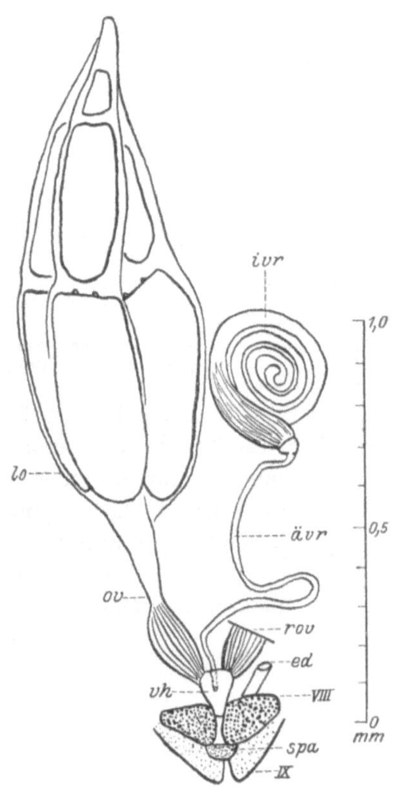

Abb. 15. Innere Geschlechtsorgane des Weibchens der Rübenblattwanze, von der Rückenseite, rechter Ovidukt (*rov*) und Enddarm (*ed*) abgeschnitten. Orig. *lo* linkes Ovar, *ov* Ovidukt, *vh* Vorhof, *ävr* äußeres Vaginalrohr, *ivr* inneres spiraliges Vaginalrohr, *spa* Supraanalplatte, *VIII, IX* achtes, neuntes Segment.

Gesamtlänge der Vagina, gemessen von dem Vorhof an, beträgt ungefähr 2,5 mm. Von diesem Vorhof spaltet sich jederseits ein Ovidukt ab, welcher in seinem Anfangsteil sehr weit dehnbar ist, was sich durch die starke Längsfaltung der muskulösen Wandung im leeren Zustand ausdrückt. Anschließend an diesen Abschnitt folgt das eigentliche Ovar, welches bei Weibchen im Frühjahr kurz vor Beginn der Eiablage vier reife und dahinter weitere vier unreife Eier enthielt. An diese schließen sich noch zwei bis drei nur undeutlich erkennbare Eikammern an. Präpariert man Weibchen später im Sommer auf, so ist die Eianzahl meistens unregelmäßig und in beiden Ovaren nicht gleich, es fanden sich z. B. rechts fünf, links drei, oder rechts drei, links sechs reife bzw. fast reife Eier oder auch bedeutend weniger in beiden Ovaren, je nachdem Eier abgelegt sind. Als normale Anzahl der Eiröhren möchte ich aber in jedem Ovar vier annehmen.

Färbung und Größe.

Die Färbung des Vollinsekts ist außerordentlich schwankend. Am besten läßt sie sich als ein mehr oder weniger dunkles Grau, unterbrochen von schwärzlichen Flecken und Zeichnungen, bezeichnen. Es kommen aber auch fast ganz schwarze Tiere und andererseits ganz hellgraue ohne jede Fleckung vor. Da die napfartige Skulptur in den Vertiefungen hell und in den erhabenen Teilen dunkel gefärbt ist, entsteht eine graue Mischfarbe, die zusammen mit den dunklen Fleckenzeichnungen eine ausgezeichnete Tarnung ergibt, so daß die sich nicht bewegende Wanze auf dem Erdboden oder an einem Baumstamm leicht dem suchenden Blick entgeht (vgl. Abb. 28). Im allgemeinen kann man sagen, daß die Weibchen auf der Oberseite etwas heller getönt sind als die Männchen und auf der Unterseite grünlich bis grüngrau gefärbt sind gegenüber dem schwarzgrauen bis schwarzen Bauchseiten der Männchen. Einzelne Organe haben bei der Rübenwanze stets besondere Färbungen: die Augen sind rötlich bis dunkelbraunrot gefärbt; die Fühler haben gelbbraune Farbe, das Endglied ist aber dunkelbraun gefärbt; die Beine sind bräunlich gelb, das Tarsenendglied mit den Krallen meistens dunkler; die Unterlippe ist braungelb, das Endglied stets dunkler braun gefärbt.

Die Größe der erwachsenen Rübenwanzen wird meistens mit 3 bis 3,5 mm Länge angegeben. Diese Maße stimmen bis zu einem gewissen Grade, wobei aber nicht vergessen werden darf, daß es selbstredend große und kleine Exemplare um diesen Mittelwert herum gibt. Außerdem sind die Weibchen in der Länge und in der Breite größer als die Männchen. Messungen an je 20 männlichen und weiblichen Rübenwanzen, die beliebig aus Freilandfängen gewählt wurden, ergaben die folgenden Werte:

Tabelle 1.

	Mittelwerte		größte Mess.		kleinste Mess.	
	♂	♀	♂	♀	♂	♀
Länge, gemessen von der Spitze der Jochfortsätze bis zur Flügelspitze in mm	3,1	3,5	3,4	3,7	2,7	3,1
Länge, gemessen von der Spitze der Jochfortsätze bis zur Hinterleibsspitze in mm	2,9	3,1	3,2	3,4	2,5	2,8
Breite, gemessen an der breitesten Stelle der Vorderflügel in mm .	1,3	1,4	1,4	1,5	1,1	1,1

Die Größenunterschiede der Männchen und Weibchen sind also klar ersichtlich. Hinzu kommt noch, daß ältere Weibchen auch höher und dicker sind als die Männchen, wegen des mit Eiern angefüllten Hinterleibes. Von Wichtigkeit ist auch, daß die Weibchen deshalb größer erscheinen, weil sie die Vorderflügel häufig nach hinten ein wenig auseinander gespreizt halten, wogegen die Männchen ihre Flügel stets mehr spitz zulaufend und geschlossen tragen.

Betrachten wir zum Schluß nochmals die Unterschiede zwischen Männchen und Weibchen der Rübenwanze, so ist als untrügliches Merkmal die Beobachtung des Hinterleibsendes mit den Geschlechtsanhängen zu bezeichnen, welches unter schwacher Lupenvergrößerung beim Männchen kugelig vorgewölbt, beim Weibchen dagegen gespalten und in Zacken auslaufend erscheint. Außerdem sind die Weibchen fast immer länger und dicker als die Männchen, meistens auch heller gefärbt und besonders auf der Bauchseite mehr grünlich-grau als schwärzlich getönt. Vielfach spreizen beim Weibchen die Vorderflügel etwas auseinander.

b) Das Ei.

Die Eier sind 0,64 mm lang und 0,27 mm dick (Mittelwerte aus 50 Messungen), von länglicher schlauchförmiger Gestalt und gelber Farbe. Ext (*17*), der zwei gute Abbildungen von den Eiern gibt (Abb. 16 und 18), nennt die Form der Eier „einer hohen Mütze ähnlich". Die Größen und die Formen sind selbstverständlich gewissen Schwankungen unterworfen, wie es Abb. 17 zeigt.

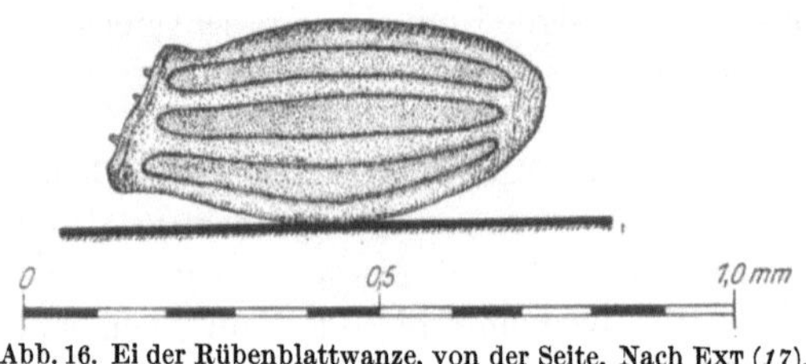

Abb. 16. Ei der Rübenblattwanze, von der Seite. Nach Ext (*17*).

Der Querschnitt der Rübenwanzeneier ist nicht kreisrund, sondern seitlich schwach zusammengedrückt. Der hintere Eipol ist abgerundet, er entspricht normalerweise dem Hinterleibsende des sich entwickelnden

Embryos und tritt bei der Eiablage zuerst aus der weiblichen Geschlechtsöffnung heraus. Der vordere Eipol, der dem Kopfende des Embryos entspricht, ist schräg unter verschieden starkem Winkel abgeplattet und trägt auf dieser Ebene kreisförmig angeordnet eine Anzahl feiner Zapfen (Abb. 18). Infolge der Form dieses Poles und der schwachen seitlichen Zusammenpressung ist also das Ei bilateral-symmetrisch gebaut. Die

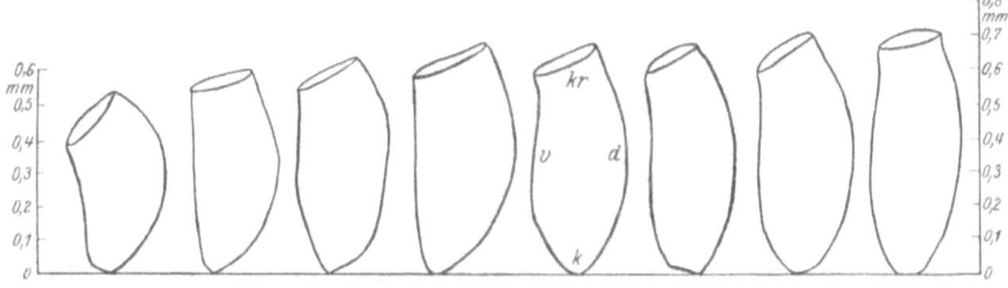

Abb. 17. Eier der Rübenblattwanze, von der linken Seite gesehen, Orig. *kr* kraniale, *k* kaudale, *v* ventrale, *d* dorsale Seite des Eies.

längere und meistens konvex gebogene Seitenkante des Eies entspricht der Rückenseite, die kürzere und weniger gebogene, ja sogar im extremsten Fall schwach konkave Seitenkante der Bauchseite der werdenden Larve. Die Anheftung des Eies an den verschiedenen Unterlagen findet meistens mit der Rückenseite statt. Einen Eideckel und einen besonderen Ringteil, wie sie sich bei der Bettwanze finden (HASE, *27*), besitzt *Piesma* nicht. Die Eihaut ist in der Längsrichtung mit wenig tiefen, aber breiten Furchen versehen; diese Furchen sind bei frisch abgelegten und bei später eintrocknenden Eiern sehr deutlich, ebenso wieder später bei den leeren Eihüllen, dagegen verstreichen die Furchen fast gänzlich bei normal sich entwickelnden Eiern. Wegen dieser Furchen sehen dann die Eier „den pappuslosen Samen der Ackerdistel ungemein ähnlich" (GROSSER, *23*; OBERSTEIN). Die Oberfläche der Eihaut (Abb. 19)

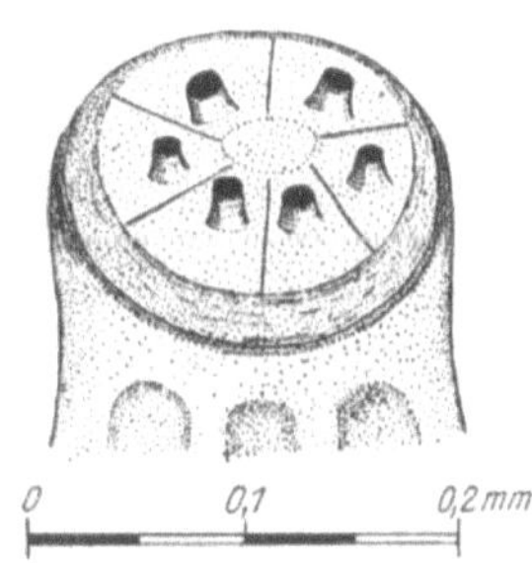

Abb. 18. Kranialer Eipol des Eies der Rübenblattwanze, von der Bauchseite. Nach EXT (*17*).

ist nicht völlig glatt, sondern ist besetzt mit ganz kurzen, glashellen, gerade abgestumpften Stiftchen, die ein unregelmäßig sechseckiges Maschenmuster bilden und auch innerhalb der Maschen selbst stehen. Die Eihaut läßt sich leicht durch spitze Gegenstände verletzen und einreißen, damit ist aber nicht gesagt, daß sie gegen mechanische Außeneinflüsse nur wenig widerstandsfähig sei. Im Gegenteil kann das Ei je nach der Unterlage, recht große Drucke aushalten (vgl. Abschn. V, b). Auf dem schräg abgeplatteten vorderen Eipol (Abb. 18) sitzen in der Regel sechs, zuweilen auch nur fünf, ganz selten nur vier zapfenartige Röhren, die

als Atemöffnungen aufgefaßt werden. Das freie dunklere Ende der Atemröhrchen scheint mit einer Öffnung zu enden, doch will ich nicht entscheiden, ob nicht doch eine feine Membran dieses Ende abschließt. Die

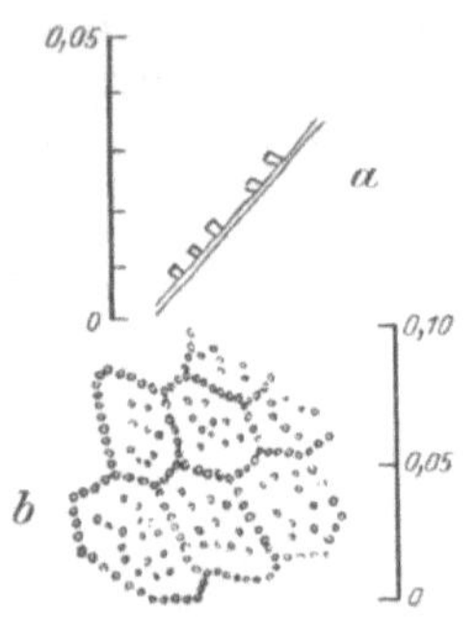

Abb. 19. Eihaut des Eies der
Rübenblattwanze, a im optischen
Schnitt, b von oben. Orig.

Anordnung der Zapfen geht aus der Abb. 18
hervor; zwischen den Zapfen verläuft in ra-
diärer Richtung je eine feine Linie bis zu einer
fast kreisförmigen zentralen Ringlinie. In
diesen präformierten Nähten reißt beim
Schlüpfen der Larve der Eipol auf, so daß er
dann in Gestalt von sechs oder fünf Zipfeln
nach außen umgeschlagen ist. An diesen Zipfeln hängt dann noch die Embryonalhaut
(vgl. Abschn. V, b). Die Farbe des Eies verändert sich im Laufe der Entwicklung des
Embryos. Frisch abgelegte Eier sind weißlich
bis hellgelb, von Tag zu Tag werden sie etwas
dunkler gelb, später schimmern dann die roten Augen und der rote
Magenfleck der werdenden Larve durch. Kurz vor dem Schlüpfen ist das
Ei dunkelbraun gefärbt. Die verlassene leere Eihülle hat eine hellgelbe
Farbe und schimmert im auffallenden Licht hellbräunlich bis violett.

c) Die Larven.

Wie bei allen Insekten mit unvollkommener Entwicklung ähneln auch
bei der Rübenblattwanze die Larven den Vollinsekten, sie unterscheiden
sich von ihnen durch die geringere Größe und durch das Fehlen der
Flügel und der ausgebildeten Geschlechtsanhänge. Es sind fünf Larvenstände vorhanden, die während ihrer Entwicklungszeit durch vier
Häutungen von ungefähr 0,7 mm bis zu 2,3 mm heranwachsen.

Die allgemeine Körperform der Larven geht aus den Abb. 20 bis 24
hervor: der Körper ist „kahnförmig" (Ext, *17*), da der Rücken flach
mit einer länglichen Erhebung in der Mitte verläuft, während die Bauchseite tiefer rundlich vorgewölbt ist. Diese Körperform, die besonders
das Stadium I (Abb. 20) auszeichnet, verändert sich mehr und mehr mit
jeder Häutung und gleicht sich derart aus, daß bei der Larve V (Abb. 24)
die Rückenseite nur wenig schwächer gewölbt ist als die Bauchseite. Die
Segmentierung des Körpers ist bei allen Formen sehr deutlich, es finden
sich hinter dem großen Kopf, der besonders groß — in relativem Sinne —
bei der Larve I ist, drei Brustsegmente und neun Bauchsegmente. Während die Brustsegmente bei der Larve I noch gleich oder fast gleich den
Abdominalsegmenten gebaut sind, nehmen sie bei der Larve II (Abb. 21)
eine größere Breite an, und vom Larvenstadium III (Abb. 22) ab treten
an den äußeren Hinterecken der Mittel- und Hinterbrust die Anlagen
der Flügel bei jedem Stadium in vollendeterer und größerer Form her-

vor. Die übrigen Organe sind genau so gebaut wie beim Vollinsekt.
Bemerkenswert ist nur, daß die Fühler zuerst, abgesehen vom spindel-
förmigen Endglied, gleichartige Bildung der Glieder zeigen und erst all-

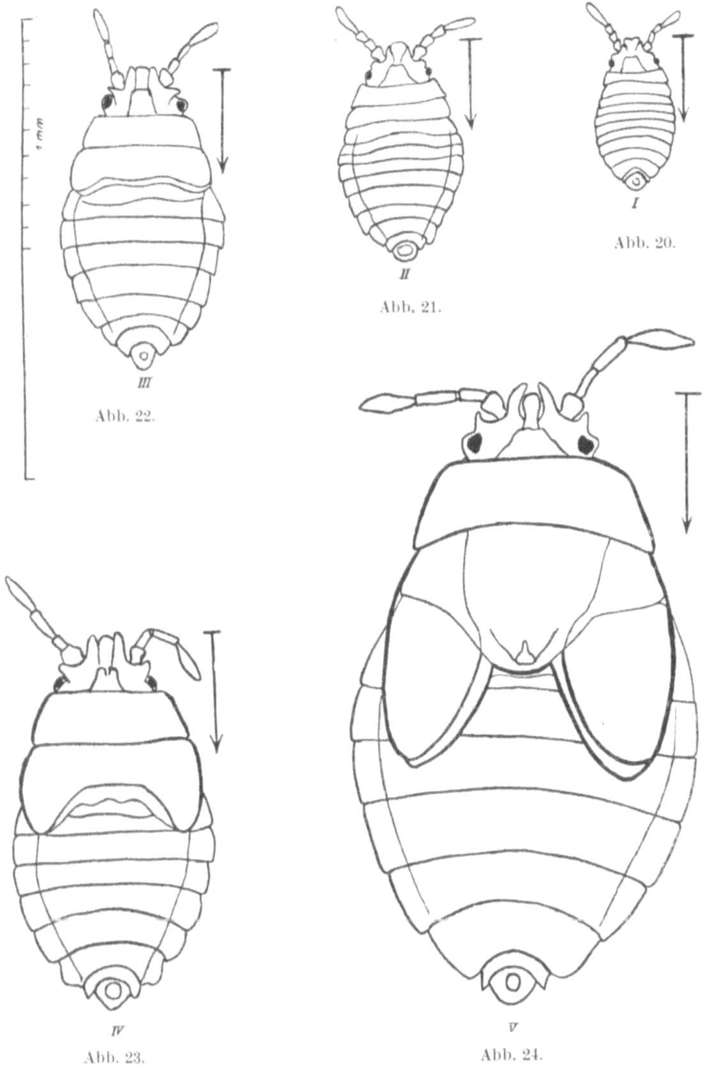

Abb. 20—24. Larve I.—V. Stadium. Der Pfeil entspricht der Rüssellänge. Orig.

mählich bei den älteren Stadien zu einer differenzierteren Form übergehen. Ebenso zeigen die Jochfortsätze und die Spitzen vor den Augen
bei den zwei jüngsten Larvenständen eine sehr schwache Entwicklung;
der Kopf endet hier mit der Stirnschwiele, während die Jochfortsätze

noch als gerade Leisten rückwärts neben dieser liegen; erst vom III. Stadium (Abb. 22) an ragen sie frei über und neben der Stirnschwiele hervor. Die Anlage des Schildchens im Mesonotum tritt erst bei der Larve V (Abb. 24) auf. Schließlich ist die Länge des Stechrüssels, insbesondere der Unterlippe (da diese die gleiche Länge wie die Stechborsten hat), sehr wichtig, ihr Maßstab wurde deshalb neben die Zeichnung der jeweiligen Larvenform gesetzt. Die Unterlippe erstreckt sich bei der Larve I bis hinter die Hinterhüften, bei der Larve II bis an die Hinterhüften, bei der Larve III und IV bis an die Mittelhüften und bei der Larve V bis zwischen die Vorderhüften, d. h. wenig länger als beim erwachsenen Tier.

Die Färbungen der Larven verändern sich mit dem Wachstum und den einzelnen Häutungen: die Larve I ist hellgelb bis rotgelb bis gelbbraun, die Larve II ist gelblich grün bis weißlich grün, die Larve III ist hellgrün bis grün, die beiden letzten Larvenstände sind saftig sattgrün gefärbt, doch zeigen die Flügelscheiden kurz vor den jeweiligen Häutungen dieser Larven IV und V einen weißlichen hellen Farbton. Bei allen Larvenständen sind Fühler, Stechrüssel und Beine gelbbraun, das Fühlerendglied etwas dunkler braun, das Unterlippenendglied schwarzbraun, die Augen hellrot bis rotbraun; bei allen Larvenständen schimmert ein roter bis rotbrauner „Magenfleck" durch den Hinterleib hindurch. Ob es sich bei diesem Organ tatsächlich nur um einen besonders gefärbten Abschnitt des Darmkanals handelt oder um ein mycetomähnliches Gebilde, müssen spätere Untersuchungen zeigen.

Von Geschlechtsanhängen ist bei den Larven I bis IV nichts zu bemerken, alle Larven tragen nur im letzten Hinterleibssegment die kreisrunde Afteröffnung. Bei den Larven V aber ist bereits bei der Betrachtung von der Bauchseite das zukünftige Geschlecht des Vollinsekts festzustellen: in der vorletzten Bauchplatte in der Mittellinie findet sich bei den zukünftigen Männchen eine schwach halbkugelige Vorwölbung und bei den späteren Weibchen eine schmale Eindellung mit seitlichen plattenartigen Zipfeln.

Zur Unterscheidung der einzelnen Larvenstände können, abgesehen von den bisher genannten Besonderheiten, die verschiedene Größe und dann die verschiedene Breite bzw. Länge der Thoraxrückenplatten herangezogen werden. Da die Größen, d. h. die Länge und Breite einer Larve, je nach dem Ernährungszustand ganz erheblich schwanken können derart, daß der Maximalwert einer jüngeren Larve den Minimalwert einer älteren Larve überschreitet, und damit beide Größenverhältnisse sich überschneiden, so ist für die Unterscheidung der Larvenstände die Größenangabe ein mindestens nicht sehr zuverlässiges Merkmal. Viel konstanter erwies sich bei allen vorgenommenen Messungen die Breite (Ausdehnung von rechts nach links) des Pronotums an seiner breitesten Stelle am Hinterrande und die Länge des Mesonotums von seiner äußeren

Vorderecke bis zum weitesten Punkte der Hinterecke. Die gefundenen Mittel-, teilweise auch die maximalen und minimalen Werte sollen in der folgenden Tabelle zusammengestellt werden, welche so das Erkennen der einzelnen Larvenstände schnell ermöglichen wird.

Tabelle 2.

	Länge (Kopf- bis Hinterleibsspitze)			Breite (breiteste Stelle des Hinterleibs)			Breite des Pronotums	Größte Länge des Mesonotums
	Mittel	Max.	Min.	Mittel	Max.	Min.		
Larve I . . .	0,67	0,78	0,61	0,38	0,43	0,32	0,287	0,058
Larve II . . .	0,90	0,97	0,71	0,52	0,58	0,48	0,425	0,095
Larve III . .	1,12	1,35	1,03	0,72	0,79	0,65	0,582	0,184
Larve IV . .	1,63	1,82	1,41	0,86	1,01	0,71	0,739	0,369
Larve V . . .	2,32	2,79	1,94	1,06	1,47	0,91	1,009	0,815

Vergleicht man diese mittleren Zahlenwerte, die aus je 20 Einzelmessungen gewonnen wurden, mit den von früheren Bearbeitern mitgeteilten (*17, 47*), so fällt ein beträchtlicher Unterschied auf. Er erklärt sich daraus, daß anfangs nur vier Larvenstände erkannt wurden, und erst nachträglich eine fünfte Larvenform gefunden wurde. Diese sollte dann als Larve IV eingeschaltet werden. Auf Grund meiner Messungen und Züchtungen und durch Vergleich der Abbildungen stelle ich aber fest, daß die übersehene Larvenform nicht die Larve IV war, sondern die Larve II. Damit erklärt sich dann auch der zunächst so bedeutend erscheinende Unterschied in den Größenwerten.

V. Biologie.

Die Rübenblattwanze verbringt den Winter als Imago im Ruhezustand ohne Nahrungsaufnahme in besonderen Verstecken. Ende März und im April verläßt sie diese, um auf die Felder abzuwandern, wo die auflaufende Rübensaat und beim Fehlen der letzteren junge Meldepflanzen besaugt werden. Nach vorangegangener Kopula legen die Weibchen von Anfang Mai ab auf den Rübenpflanzen Eier ab. Diese Weibchen und die zugehörigen Männchen sterben in der zweiten Hälfte des Sommers fast sämtlich ab, der Rest verkriecht sich nochmals zur Überwinterung, die er aber nicht überlebt. Aus den im Mai abgelegten Eiern entwickeln sich an den Rübenpflanzen die Larven, die von Anfang Juli ab Vollinsekten ergeben. Diese Imagines können in den der Entwicklung günstigen Jahren nochmals bis Ende Juli Eier ablegen, aus denen dann bis Ende September Vollinsekten geschlüpft sind. Die erwachsenen Jungwanzen der ersten, wie auch der zweiten Jahresbrut verlassen von Mitte August ab die Rübenschläge und suchen die Winterquartiere auf. Nach diesem allgemeinen Überblick sollen die einzelnen Punkte der Lebensgeschichte näher besprochen werden.

a) Lebensgeschichte des Vollinsekts.

1. Überwinterung.

Den Winter überdauert *Piesma quadrata* im Entwicklungszustand der Imago. Niemals überwintern Larven, denn es konnte im Versuch von mir festgestellt werden, daß diese, wenn sie nicht mehr bis zur Imago durchhäuten können, bis Ende November im künstlichen Winterquartier abgestorben waren. Ebenso konnten auch im Freiland niemals Larven in den Wintermonaten im Winterlager angetroffen werden.

Abb. 25. Futterrübenschlag am Landgraben bei Mosigkau bei Dessau. Fehlstellen vom Rande her infolge Wanzenbefalls. Grabenböschung und Büsche sind Überwinterungsorte. Phot. Landwirtschaftskammer Dessau.

Welches sind nun in freier Natur die Überwinterungsorte der Rübenblattwanze? Sie sind stets in möglichster Nähe von befallen gewesenen Rübenfeldern zu suchen und hier wieder kommen nur trockene Bodenstellen in Betracht. Feuchter Boden oder Moos oder sonstige nasse Flecke mit Pflanzenwuchs werden unbedingt gemieden. Trockene Stellen neben befallenen Rübenfeldern bieten sich besonders in Gestalt von Feldrainen, Wegrändern, Graben- und Dammböschungen, Waldrändern und ähnlichem dar (Abb. 25, 26, 27). Auf diesen Orten sind es besonders das trockene Grasgenist, Fallaub, Laubstreu oder trockene Pflanzenrückstände am Fuße von Einzel- oder Reihenbäumen, Telegraphenstangen, einzeln stehenden Büschen oder Buschwäldchen,

wo die Wanze sich zur Überwinterung verkriecht. Ein beliebter Über-
winterungsort ist auch unter den Borkenschuppen der Bäume dicht über

Abb. 26. Zuckerrübenschlag am Waldrande bei Diesdorf bei Dessau. Starke Fehlstellen infolge
Wanzenbefalls. Feld sehr verunkrautet. Der Waldrand bietet Winterverstecke.
Phot. Landwirtschaftskammer Dessau.

Abb. 27. Winterquartier der Rübenblattwanze an Telegraphenmast neben befallenem Zuckerrübenschlag bei Choerau bei Dessau. Im Vordergrund zwei schwer gekräuselte Rüben. Originalphot.

der Erde oder in den Ritzen der Telegraphenstangen usw., ebenfalls in Höhe des Erdbodens. Stets wird an diesen Stellen die Süd- und Westseite bevorzugt, während Ost- und Nordseiten, bzw. -lagen, fast gänzlich unbewohnt von Wanzen sind. Eine Vorliebe für besondere Baumarten konnte nicht festgestellt werden. Das Innere von geschlossenen Waldstücken wird fast niemals aufgesucht, ebensowenig Wiesen, abgeerntete Rübenfelder, freie Äcker oder liegen gebliebene Stoppel- oder Brachfelder. Abgesehen von der Basis der Bäume, Büsche usw. finden sie sich auch noch, aber vereinzelter, unter trockenem Gras von sonnigen Feldrainen und Grabenböschungen, ebenso manchmal auf Wusthaufen von Ernterückständen neben befallen gewesenen Rübenschlägen. An allen diesen Überwinterungsorten verkriechen sich die Wanzen unter die Grashalme, Blätter usw. und dringen auch, besonders wenn das Wetter kalt und regnerisch zu werden beginnt, durch Spalten und Ritzen, wie z. B. am Wurzelhals der Bäume und Sträucher, in die oberen lockeren Bodenschichten ein. Nach meinen Beobachtungen gehen sie aber im allgemeinen nicht tiefer als 10 cm unter die Erdbodenoberfläche. Vereinzelt wurden sie noch bis 15 cm gefunden, die Mehrzahl aber hält sich in der Tiefe bis zu 5 cm auf. Ein aktives Eingraben in feste Bodenschichten wurde niemals beobachtet. Es ist anzunehmen, daß 15 cm als größte Tiefe zu bezeichnen sind, bis zu der die Wanze sich im Winter verkriecht, denn auch in den in einzelnen Abschnitten außerordentlich strengen Wintern 1927/28 und 1928/29 wurden sie nach Frosttemperaturen von —20°C nicht tiefer als sonst verkrochen gefunden. Um die Tiefe, bis zu der sich die Rübenwanze verkriechen kann, zu beurteilen, kann man durch Versuche feststellen, aus welchen Tiefen sich das Tier durch lockere Bodenschichten wieder herausarbeiten kann. Diese Versuche, die in den Jahren 1927 und 1928 im Frühjahr angestellt wurden — allerdings unter dem Gesichtspunkt der Bekämpfungstechnik (vgl. Abschn. VII, b) — ergaben, daß, wenn man Versuchstiere mit lockerer humös-sandiger Erde bedeckte, aus 15 und 10 cm Tiefe keine Wanze mehr den Weg an die Oberfläche und zu dem dort ausgelegten Futter findet, dagegen aus 8 cm Tiefe 70% bzw. 60% und aus 5 cm 100% bzw. 70% wieder sich nach oben durcharbeiten. Also auch diese Versuche sprechen dafür, daß die Wanzen nur in ganz oberflächliche Erdschichten eindringen.

Wie erreicht im Herbst und Spätsommer die Rübenblattwanze diese ihre Winterquartiere? Wie wir schon sahen, schreiten zur Überwinterung der Rest der noch überlebenden vorjährigen Tiere, die Jungwanzen der diesjährigen Brut und — wenn vorhanden — der diesjährigen zweiten Brut und schließlich vereinzelt die nicht bis zur Imago durchgehäuteten Larven. Von diesen genannten Gruppen sterben die an erster und letzter Stelle genannten in den Winterverstecken ab. Der Aufbruch in die Winterruheplätze erfolgt sehr frühzeitig: bereits Anfang bis Mitte August sind die ersten Tiere dort zu finden, bis Ende August und Anfang September ist die Mehrzahl dort eingetroffen und bis Ende September, spätestens Anfang Oktober, ist keine Wanze mehr auf den Rübenfeldern. Diese Monatsangaben unterliegen in den einzelnen Jahren selbstverständlich kleinen Schwankungen. Die Wanzen wandern also von den Rübenfeldern zu einer Zeit ab, wo sie Futter noch in reichlichstem Maße zur Verfügung haben. Das Aufsuchen der Winterquartiere ist also nicht etwa auf Nahrungsmangel zurückzuführen. Es ließe sich annehmen, daß die älteren Blätter der Rübenpflanze, welche natürlicherweise härter sind als die jungen des Keimlings und der jungen Pflanzen und vielleicht auch chemisch-geschmacklich sich anders verhalten als diese, den Wanzen als Nahrung nicht mehr zusagen und so die Abwanderung beeinflussen. Es sind deshalb Wanzen fortlaufend bis in den Herbst hinein mit Laubblättern junger Keimlingspflanzen gefüttert worden. Aber auch diese Rübenwanzen verschmähten am Anfang September das Futter und scharten sich zusammen. Also auch die Qualität des Futters hat keine Bedeutung für den Wandertrieb. Der Einfluß der Temperatur ist ebenfalls nicht allein ausschlaggebend für die Abwanderung in die Winterquartiere, denn es konnte beobachtet werden, daß die Wanzen in den Laboratoriumszuchten, die bei einer konstanten Temperatur zwischen $+18$ bis $+20^0$ C gehalten wurden, ebenfalls gegen Anfang September zu saugen aufhörten und sich unter den schützenden Fließpapierscheiben zusammenscharten. Das Aufsuchen der Winterquartiere ist also als eine durch die allgemeinen klimatischen Bedingungen des Spätsommers geleitete Instinkthandlung aufzufassen. Man kann diese Lebenserscheinung der Rübenblattwanze mit dem Wanderzug der Vögel im Herbst und Frühling in Vergleich setzen und als innersekretorisch bedingt erklären.

Geleitet wird die Rübenblattwanze beim Aufsuchen der Winterquartiere von einer ausgesprochenen Lichtabwendigkeit. Während im Frühling und Sommer die Wanze zum Licht wandert, sucht sie von August bis September ab regelmäßig die Dunkelheit und den Schatten auf. Außerdem müssen aber auch andere Richtungseinflüsse eine Rolle spielen, denn sonst wäre es für die Rübenblattwanze leichter, sich einfach in den Erdboden oder in die Grasnarbe des Fraßortes zu verkriechen. Gerade die Bevorzugung von Bäumen, Sträuchern, Stangen usw. spricht dafür, daß die Wanze diese Objekte mit den Augen erkennt, oder durch deren Wärmestrahlung findet oder vielleicht infolge des durch diese gebotenen Windschutzes angelockt wird. Es kämen demnach optische, thermische oder rheotaktische Richtungseinflüsse in Betracht. Genaue Messungen oder Versuche sind hierüber nicht angestellt worden, jedoch sprechen die Freilandbeobachtungen für das Überwiegen der optischen und thermischen Einflüsse.

Als Bewegungsform zum Erreichen der Winterquartiere wählt *Piesma* sowohl den Flug, als auch den Lauf. Das Fliegen findet sich nur an warmen Tagen. So wurde an einem Nachmittage, Ende August (Temperatur in der Sonne geschätzt auf über $+30^0$ C), beobachtet, wie eine Wanze sich von einem Rübenblatt erhob und nach einigen unregelmäßigen Kurven, die nicht höher als 2 m über den Erdboden gingen, sich an einem Baumstamme, der in dem beobachteten Falle 12 m entfernt war, $1/_2$ m über dem Erdboden niederließ. Eine andere Wanze, die beim Abfliegen nicht gesehen worden war, fiel ungefähr 1 m von der Basis des Baumstammes entfernt in die Grasnarbe des Straßenrandes, aber in Richtung auf den Baumstamm zu, ein. Wenn auch dieses die beiden einzigen Fälle waren, wo das Zufliegen zu den Winterquartieren gesehen werden konnte, so dürfte doch der Flug öfters hierzu mit benutzt werden, namentlich während einzelner Etappen, die wieder durch Laufstrecken verbunden sind. In der Hauptsache jedoch werden die Winterquartiere im Lauf aufgesucht. Die Wanzen sammeln sich dann, strahlenförmig dem Winterplatz zuströmend, an der Basis des Baumes, Pfahles usw., indem sie zunächst noch in einem Umkreis von 20 bis 30 cm um den Baum herum im Genist der Grasnarbe usw. in großen Scharen sitzen. So konnten neben dem in Abb. 27 dargestellten Telegraphenmast im September auf einer Fläche von 10mal 10 cm, angrenzend an den Mast, im Grasgenist nicht weniger als 31 Wanzen (19 Männchen und 12 Weibchen) gesammelt werden. Damit kommen wir zu der Frage:

Wie verhält sich die Rübenblattwanze in den Winterquartieren? Das Zusammenfinden und -drängen einer großen Anzahl Individuen auf dem kleinen Raum der Winterunterkunft führt zu einer Assozietät (im Sinne CHR. SCHROEDERS, S. 1161), die als ,,Platzgesellschaft" oder Synchorium zu bezeichnen ist. Dieses Zusammenscharen der Tiere auf einem Fleck läßt sich auch im Herbst in den Zuchtgläsern beobachten, auch wenn den Wanzen hinreichend Raum zur Verfügung steht. Es liegt hier also eine Instinkthandlung vor, nicht eine nur durch die Enge des Winterquartiers bedingte Erscheinung. Im September und Oktober sitzen die Wanzen noch sehr oberflächlich im Grasgenist um die Bäume herum; Bewegungen werden hier kaum ausgeführt, höchstens macht die Wanze dann und wann einmal ganz wenige und sehr langsame Schritte. Eine Nahrungsaufnahme findet gleichfalls nicht statt. Dieses Fasten, welches der Winterruhe vorausgeht, ist von großer biologischer Bedeutung. Denn infolge des Nahrungsmangels werden die Säfte des Tieres wasserärmer, d. h. also die Lösungen konzentrierter, und damit tritt eine physikalische Gefrierpunktserniedrigung ein, welche das lebende Insekt befähigt, höhere Kältegrade im Winter zu ertragen. Je kühler die Witterung wird, um so mehr ziehen sich die Wanzen zum Wurzelhals des Baumes oder des Pfahles usw. und kriechen im November in

Erdritzen und Spalten zwischen Holz und Erde hinein. Hier sind die
Bewegungen dann fast gänzlich unterdrückt. Ein gewisser Teil der Wanzen allerdings geht gar nicht in tiefere Winterverstecke, er bleibt am
Wurzelhals an der Borke der Bäume sitzen, versteckt in Rindenritzen
und geschützt durch das umgebende Genist des Wurzelhalses (vgl. Abschnitt über das „Sonnen“).

Eine gleichmäßige „Schlafstellung“ der Wanzen im Winterlager
konnte nicht festgestellt werden. Am häufigsten waren die Beine leicht
an den Körper angezogen, so daß die Tibien parallel an den Körperseiten
lagen, und die Fühler waren wagerecht und rückwärts an die Seiten der
Vorderbrust angelegt. Es fanden sich aber zuweilen auch halb schräg
vorwärts gestreckte Fühler und abgespreizte Beine. Sucht man solche
Wanzen aus den Winterverstecken heraus, so führen sie zunächst nur
ganz langsame unkoordinierte Bewegungen mit einzelnen Beinen oder
Fühlern aus. Haucht man die Tiere aber an oder bringt sie in ein warmes
Zimmer, so werden sie sofort lebhaft, bewegen normal laufend die Beine
und zeigen im warmen Zimmer nach 3 Stunden das Benehmen wie die
Sommertiere. Der „Winterschlaf“ ist also durchaus nicht tief, es gelingt
leicht durch Temperaturerhöhung die Tiere zum Erwachen zu bringen.
Rübenwanzen, die im Januar unter dem Schnee aus den Winterquartieren gesammelt waren, bleiben im warmen Zimmer während des Restes
des Winters weiter lebhaft und nehmen regelmäßig Nahrung auf, allerdings zeigten sie bis zum März stets Lichtfluchtreaktionen. Diese Re-
aktion ist auch immer bei den im tiefen Winterversteck in ihrer Ruhestellung gestörten Wanzen zu beobachten: wenn auch die Bewegungen
nur langsam und zögernd sind, so versuchen doch die Tiere ins Dunkle
der tieferen Erd- und Genistschichten zu entkommen. Allerdings muß
bemerkt werden, daß die Rübenwanze im Winterquartier keine koordi-
nierte Laufbewegung zeigt, wenn die Lufttemperatur unter $+3^0$ C liegt.
Zusammenfassend kann also festgestellt werden, daß von einer eigentlichen Schlafstellung bei der Rübenwanze nicht gesprochen werden kann,
es handelt sich vielmehr um eine Kältestarre, wie sie ähnlich auch von
anderen Insekten bekannt ist, z. B. von *Phyllodromia germanica* (*60*, S. 116).

In diesem Zustande kann die Wanze, ohne Schaden zu nehmen, die
Kältegrade des mitteleuropäischen Winters überdauern. Es muß aber
darauf hingewiesen werden, daß der Erdboden auch in den oberfläch-
lichen Schichten besonders unter Schneebedeckung niemals die Kältegrade der umgebenden Luft annimmt. Andererseits erwärmt er sich auch
nicht so schnell. Damit ist also eine gewisse Temperaturkonstanz innerhalb des Biotops der Rübenwanze gewährleistet. Als Beispiele gebe ich
zwei Temperaturmessungen aus der Gegend bei Mosigkau bei Dessau:

Am 24. Januar 1928 betrug um 13 Uhr die Lufttemperatur an der Beobach-
tungsstelle $+3^0$ C (Minimum in der Nacht vom 23. zum 24. Januar: $-3{,}1^0$ C),

die Temperatur der 3 bis 4 cm hohen Schneedecke am Wurzelhals eines Pflaumen-
baumes war ± 0⁰ C, die Erde hatte in einer Tiefe von 5 cm neben einigen dort
sitzenden Wanzen + 1,0⁰ C und in einer Tiefe von 15 cm + 1,6⁰ C.

Am 17. Dezember 1928 ergaben sich folgende Temperaturen (an der Tele-
graphenstange der Abb. 27), nachdem in der voraufgegangenen Nacht als Minimum —4,5⁰ C gemessen worden waren, um 12 Uhr: Lufttemperatur —0,7⁰ C,
Schneedecke (6 cm) ± 0⁰ C, unter Schnee im Genist —0,4⁰ C, Erdoberfläche unter
dem Genist —0,3⁰ C, Erde neben Holz in 2 cm Tiefe + 0,2⁰ C, Erde neben Holz
in 5 cm Tiefe + 0,3⁰ C, Erde neben Holz in 15 cm Tiefe + 1,2⁰ C.

Es geht daraus klar hervor, daß der Erdboden der Überwinterungsplätze die Temperaturen recht gleichmäßig und ziemlich unabhängig
von den Außentemperaturen hält, und daß besonders schroffe Schwankungen, die dem Leben des Insekts sehr gefährlich sein könnten, nicht
vorkommen. Die Wanzen bevorzugen, wie eingangs gesagt, zum An-
fliegen und zum Verkriechen die Süd- und Westseite an der Basis der
Bäume und Sträucher. Geleitet werden die Wanzen hierbei mit durch
Wärmereize, denn der Baum bildet auf seiner Süd- und Westseite eine
Wärmestrahlung und -leitung aus, die bis über den Wurzelhals hinab
in die Erde dringt. Genaue Messungen über diese Temperaturwerte
konnten nicht angestellt werden und sind mir auch nicht von anderer
Seite bekannt. Daß es sich aber um nicht unbeträchtliche Temperatur-
unterschiede gegenüber der Umgebung handelt, beweist die jederzeit und
überall zu machende Beobachtung, daß auf der Südwestseite der Bäume,
Pfähle usw. die Schneedecke in einem halbkreisförmigen „Wärmeschat-
ten" stets zuerst wegschmilzt, während sie sonst noch geschlossen liegt,
und daß an diesen Stellen des Wurzelhalses der Boden auch am schnell-
sten abtrocknet. Die Winterquartiere an diesen Stellen sind also wärmer
und trockener als die Umgebung und werden deshalb von den Wanzen
bevorzugt.

Die mikroklimatischen Verhältnisse des Winterlagers der Rübenwanze wie auch der übrigen Biotope anderer Schädlinge harren durchaus
noch der Untersuchung und Lösung; sie sollten im vorstehenden nur
gestreift werden. Ich bin mir durchaus bewußt, daß zu diesen vom allgemein biologischen Standpunkt aus außerordentlich wichtigen mikroklimatischen Fragen ganz andere technische und viel umfassendere Un-
tersuchungsmethoden gehören als mir zur Verfügung standen. Immerhin sollte auf die Wichtigkeit auch der einfachsten Temperatur- (und
Feuchtigkeits-) Messungen hingewiesen werden, da sie zur Erkenntnis
des gänzlich verschiedenen Klimas an solchen Örtlichkeiten führen. In
diesem Zusammenhang sei auf das Buch von R. GEIGER hingewiesen,
„Das Klima der bodennahen Luftschicht", welches für Arbeiten auf dem
mikroklimatischen Gebiet neue Wege zeigt, auf denen für die allgemeine
Ökologie, aber auch für die angewandte Entomologie neue Erkenntnisse
zu gewinnen sind. Welche gegenüber dem „Menschenklima" gänzlich

verschiedenen Klimate in Erdhöhe und darüber bis zu 1 m sich finden,
betont die von GEIGER ausgesprochene „Tatsache, daß auf wenigen Dezi-
metern Höhenunterschied in der bodennahen Luftschicht klimatische
Unterschiede auftreten wie sie sich in normaler Beobachtungshöhe nur
zwischen wesensverschiedenen Klimagebieten finden".

Die Wärmeliebe der *Piesma* im Winterquartier spricht sich noch in
einer anderen Lebenserscheinung aus. Vom September bis in den März,
also in allen Wintermonaten, konnte ich beobachten, daß einzelne Wanzen im Sonnenschein der Mittagsstunden warmer Tage, an denen die
maximale Lufttemperatur über mindestens $+ 10^0$ C liegt, auf der besonnten Seite der Bäume usw. aus dem Genist und der Erde des Winterquartiers heraus- und an der Rinde der Bäume bis zu $^1/_2$ m langsam emporklet-
tern (Abb. 28). Besonders beteiligen sich an diesem Emporklettern diejenigen Wanzen, die überhaupt nicht in die Erde hinabgekrochen, sondern an der Stammbasis sitzen geblieben sind. Diese Tiere sind also nicht mehr lichtflüchtig oder, wie wohl richtiger zu sagen ist, bei diesen Wanzen hat der Wärmereiz die Lichtreaktion übertönt. Denn sobald mit

Abb. 28. Vier Rübenblattwanzen am Baumstamm (Pflau-
menbaum) des Winterquartieres, sich sonnend, bei Mosigkau. Phot. Landwirtschaftskammer Dessau.

schwindendem Tageslicht die Besonnung und Erwärmung nachläßt,
suchen die Wanzen Verstecke unter Borkenschuppen und in Rindenritzen auf. Wenn überhaupt wieder kälteres Wetter einsetzt, verschwinden die Wanzen wieder vom freien Teil des Stammes und verkriechen sich an den Stammteilen, die vom Genist bedeckt sind. Man
kann also sagen, daß die Wanzen „sich sonnen". Ich habe aber bei diesen
Beobachtungen den Eindruck gewonnen, als ob nur wenige, im Verhältnis zur allgemeinen Besetzung des Winterquartiers sogar nur sehr wenige
Wanzen im Herbst und Winter sich an diesem „Sonnen" beteiligen.
Ende März und im April nimmt ihre Zahl dann allerdings beträchtlich
zu, doch hängt das dann mit einer anderen Lebenserscheinung zusammen,
nämlich mit dem

Abwandern aus den Winterquartieren auf die Nährpflan-

zen. Abgesehen von den eben erwähnten, besonders „beweglichen‘‘
Tieren, die sich im Winter sonnen, hat die Mehrzahl der Wanzen die
Winterszeit im Starrezustande in den oberen lockeren Erdschichten ver-
bracht. Mit zunehmender Temperatur im März weicht allmählich die
Kältestarre und vor allem ändert sich die Einstellung zum Lichtreiz:
Die Wanzen werden jetzt lichtstrebig. In langsamen Bewegungen arbeiten sie sich aus ihren Erdverstecken heraus, sitzen dann zunächst
noch dicht beim Wurzelhals auf der Erde unter dem Grasgenist und
wandern dann schließlich im weiteren Umkreis bis zu 50 cm auf der
Baumscheibe herum. Die Bewegungen sind aber zunächst noch langsam
und selbstverständlich immer abhängig von den klimatischen Einflüssen,
besonders der Temperatur. Sinkt diese in die Nähe des Nullpunktes, so
sitzen die Wanzen bewegungslos auf ihrem Platze, sie verfallen also wieder in die Kältestarre, steigt sie aber auf über $+ 10^0$ C, so setzen die Bewegungen wieder ein. Von besonderem Einfluß ist jetzt im Frühling
die gesteigerte Lichtintensität und die Besonnung, die sich besonders
auf der Erdoberfläche der Südseiten der Baumscheibe (auch durch schnelleres Abtrocknen des Bodens) auswirkt. Das Erwachen der Wanzen in
den Winterquartieren geht also nicht schlagartig vor sich, sondern allmählich, indem immer wieder Starreperioden mit Bewegungszeiten ab-
wechseln. Ebenso hängt die Schnelligkeit des Erwachens und Auswan-
derns von der Lage des Winterquartiers ab: besonnte Winterverstecke
entlassen die Wanzen viel zeitiger als beschattete. Das konnte auch
DYCKERHOFF (10) feststellen, der vom Jahre 1925 schreibt: „Während
die gegen Süden und Südwesten gelegenen Stellen zu dieser Zeit [Ende
April] bereits schon verlassen waren, befanden sich an nicht besonnten
Stellen die Tiere noch im Winterschlaf.‘‘ So dehnen sich die Wanderungen
der Rübenblattwanze ständig weiter aus und, sobald der Keimling einer
Nährpflanze gefunden ist, wird dieser zur Nahrungsaufnahme angegangen. Außer diesem Abwandern aus den Winterverstecken ist auch
ein Abflug zu beobachten. Hierbei klettern die Rübenwanzen am Baum,
Pfahl oder Strauch ihres Überwinterungsplatzes in die Höhe, genau wie
es einzelne Tiere bereits beim Sonnen taten, nur daß sie jetzt bis zu einer
Höhe von 1,50 m von mir festgestellt wurden. Von diesem erhöhten
Punkte fliegen sie in Richtung auf das auflaufende Rübenfeld ab. Wie
weit der Flug sich ausdehnt, konnte von mir nicht festgestellt werden,
da die einzige Wanze, welche bei ihrem Flug beobachtet wurde, in ungefähr 10 m Entfernung vom Abflugbaum den Blicken entging. Der Abflug fand statt bei einer Temperatur von $+ 16^0$ C, bei hellem Sonnenschein der Mittagsstunde und fast völliger Windstille. Die verschiedentlich an den Bäumen hochkletternden Wanzen lassen vermuten, daß dieser
Flug zu den Nahrungsplätzen nicht allzu selten stattfindet, wenn auch
die Mehrzahl der Wanzen laufend dorthin gelangt.

2. Lebensgeschichte der Rübenwanze im Frühling und Sommer.

Piesma quadrata ist um die Mitte bis Ende April im allgemeinen nicht mehr in den Winterquartieren anzutreffen, sondern wandert in deren weiterer Umgebung auf der Suche nach Nahrung umher. Finden die Wanzen sofort aufgelaufene Rübenkeimlinge, so besaugen sie diese; ist dagegen die Rübensaat noch nicht aufgelaufen, so nehmen sie mit den bereits vorhandenen Meldekeimlingen vorlieb, von denen sie aber in den Gebieten des Schadauftretens regelmäßig wieder abwandern, sobald die ersten Rüben auflaufen. Die Rübenpflanze scheint also, wenigstens in den Schadgebieten der Rübenwanze, eine starke Anziehungskraft auf *Piesma* auszuüben. Dafür spricht auch die Tatsache, daß die sehr frühzeitig bestellten und damit auch sehr früh auflaufenden Rübensaaten stets am stärksten befallen sind und dann die Wanzen aus der weiteren Umgebung anziehen, so daß später bestellte Rübenschläge wanzenfrei bleiben. Diese biologische Eigentümlichkeit der Rübenwanze wird mit bestem Erfolg zu ihrer Bekämpfung vermittels der früh gedrillten Fangstreifen benutzt (vgl. Abschn. VII, b, 2). Auf den Wanderungen nach Nahrung kommen die Wanzen mit den Rübenfeldern stets zuerst an den Randstücken in Berührung, und hier setzen sie sich zunächst einmal fest. Infolge dieser Eigentümlichkeit finden sich die Rübenpflanzen an den Feldrändern regelmäßig stärker durch die Kräuselkrankheit befallen als in der Feldmitte. Auch die im Fluge die Winterverstecke verlassenden Tiere gelangen nicht weit hinein, sondern bleiben zunächst wenigstens am Rande. Die Breite des Randbefalls ist natürlich wieder verschieden nach der absoluten Menge der wandernden Wanzen; sind deren sehr viele, so breiten sie sich auch weiter nach der Mitte zu aus.

Auf den Rübenfeldern sind die Wanzen, solange ihnen hinreichend Nahrung zur Verfügung steht, ziemlich seßhaft, sie laufen wohl zwischen den einzelnen Keimlingspflänzchen in der Drillreihe hin und her, doch finden keine großen Wanderungen mehr statt. Wanderungen der Wanze treten nur auf und dann stets nach der Feldmitte zu, wenn infolge der übergroßen Anzahl der Tiere die jungen Keimlinge durch das Saugen abwelken und eingehen (vgl. Abschn. VI, b). Dann können ganze Drillreihen in den Randstücken ausfallen (Abb. 25) und die Wanzen suchen nach dem Inneren des Schlages zu nach neuen Futterpflanzen. Das Leben der Wanze auf dem Felde spielt sich täglich ziemlich gleichmäßig ab: Vor der Kühle der Nacht und dem fallenden Tau wird Schutz gesucht auf der Unterseite der Blätter oder am Keimlingsstengel oder in den Blattachseln oder in dicht dem Fraßplatz benachbarten Erdspalten oder unter Erdbröckchen, Erdschollen und anderen Verstecken des Bodens, wie sie sich auf dem Rübenacker bieten. Solange noch die Nässe des Taus auf den Blättern liegt, die Temperatur $+10^0$ C nicht überschritten hat und die Sonne noch niedrig steht, bleibt die Wanze in ihrem Nachtversteck. Im Mai kommt sie also meistens vor 10 Uhr vormittags nicht recht zum Vorschein, im Juli natürlich zeitiger. Sie sucht dann die nächste Rübenpflanze auf und beginnt zu saugen. Treffen sich gleichgeschlechtige Tiere, so stören sie sich nicht beim Saugen, höchstens, daß vergebliche Kopulationsversuche gemacht werden, die aber sehr bald, scheinbar nach Erkennen des Irrtums, wieder eingestellt werden. Sind die sich begegnenden Wanzen verschiedengeschlechtig, so setzen, falls die Temperatur mindestens über $+ 12^0$ C beträgt, Begattungsversuche ein, und die Kopula wird ausgeführt. Nach der Kopula bleibt das Männchen häufig tagelang auf seinem Weibchen sitzen und läßt sich von diesem in die Nachtverstecke und von diesen wieder zu der Nährpflanze herumtragen. Auch bei der Eiablage der Weibchen, die sehr bald nach der Kopula einsetzt, bleiben die Männchen auf den Weibchen sitzen. Bei hellem Sonnenschein und hoher Temperatur setzen im Juni und Juli vereinzelt Massen- und Einzelflüge der Rübenwanze ein. Ist dagegen das Wetter kalt, der Himmel bewölkt, weht starker Wind oder fällt starker und langandauernder Regen, so verkriechen sich die Tiere in Verstecke, die denen der Nacht entsprechen, und kommen erst wieder nach Besserung der Wetterlage heraus. Am hellen Tage, bei sonnigem warmen Wetter, sind die Wanzen meistens sehr flüchtig: bei Berührung der besaugten Pflanze lassen sich die Tiere schnell zu Boden fallen und verkriechen sich in irgendeinem Erdversteck neben der Pflanze. Dieser tägliche Lebenszyklus spielt sich den ganzen Sommer hindurch ziemlich gleichmäßig ab, bis die erwachsenen Wanzen vom Ende Juli ab allmählich absterben. Das Lebensalter der erwachsenen Rübenwanze beträgt also wenig mehr als 1 Jahr, und wenn man das Leben des Individuums vom abgelegten Ei ab rechnet, ungefähr 15 Monate. Im folgenden sollen nun die einzelnen Gruppen der Lebensäußerungen der Rübenwanze besonders besprochen werden.

Ruhe- und Bewegungszustände. Die im Frühling und Sommer bei kaltem und besonders auch bei nassem Wetter zu beobachtende Kältestarre gleicht durchaus der Starre in den Winterquartieren. Die Beine sind meistens an den Körper herangezogen und die Fühler schräg nach hinten und horizontal gelegt. In der Kältestarre des Sommers liegen die Wanzen sehr häufig auf dem Rücken, was sich dadurch erklärt, daß die Tiere von der Unterseite der Blätter abfielen und sich wegen der bereits stark gehemmten Beweglichkeit der Beine nicht mehr umkehren konnten. Bemerkenswert ist, daß diese Kältestarre im Sommer bereits bei einer Temperatur von weniger als $+ 6^0$ C einsetzt. Es hat also gegenüber dem Winter eine Verschiebung des biologischen Temperaturminimums nach der Plusseite zu stattgefunden. Nach Schubert (47) soll es auch eine Wärmestarre geben, die ganz die gleichen Erscheinungen zeigt wie die

Kältestarre und nach einer Einwirkungszeit von 4 bis 5 Stunden bei einer Temperatur von $+46^0$ C oder einer halbstündigen Einwirkung von $+50^0$ C einsetzt. Die von SCHUBERT (*47*) gleichfalls erwähnte Hungerstarre konnte auch ich beobachten; sie tritt nach 2- bis 4tägigem Nahrungsentzug im Sommer ein. Auch hier sind die Erscheinungen dieselben wie bei der Kältestarre. Der Übergang von Beweglichkeit zu jeder Form der Starre ist selbstverständlich ein allmählicher. Nur kurz sei darauf hingewiesen, daß die physiologischen Gründe für das Eintreten der Starrezustände häufig ineinander übergehen (z. B. Kälte und verweigerte Nahrungsaufnahme $\rightarrow$ Hunger), und daß es deshalb im Einzelfall schwierig ist festzustellen, welcher Starrezustand eigentlich vorliegt.

Von den Starrezuständen ist ein Ruhezustand der Rübenblattwanze genau zu unterscheiden, der sehr häufig im Frühling und Sommer zu beobachten ist. Die Tiere sitzen dann auf der Erde oder auf den Rübenpflanzen ganz still ohne irgendeine Gliedmaße zu rühren. Die Beine sind gleichmäßig leicht gebeugt und weggestreckt, um den Körper zu tragen, und die Fühler sind schräg wagerecht nach vorn oder mehr nach den Seiten oder sogar nach hinten ausgelegt. In dieser Stellung verharren die Wanzen stundenlang ohne sich zu rühren, sie haben aber niemals bei diesem Ruhezustand den Rüssel eingestoßen und saugen nie. Diese gleiche Stellung findet sich bei dem winterlichen „Sichsonnen". Man kann vielleicht annehmen, daß auch im Sommer dieser Ruhezustand dem gleichen „Wärmebedürfnis" entspringt. Aus dieser Ruhestellung erfolgt bei Anrühren der Pflanze das sofortige Sichfallenlassen auf den Erdboden. Hier folgt häufig auch der Versuch, sich tot zu stellen, indem die Beine fest an den Körper gezogen und die Fühler dicht unterseits an den Prothorax gelegt werden, oder auch schnelle Fluchtlaufreaktion, um eine schützende Erdspalte oder ein sonstiges Versteck zu erreichen. Das Totstellen kann man auch hervorrufen, indem man eine im Lauf befindliche Wanze mit Pinsel oder Pinzette oder sonstigem Instrument mehrmals unsanft anstößt oder im Lauf hemmt.

Die Laufbewegung der Rübenwanze gleicht der allgemein bei Insekten bekannten Art, d. h. gleichzeitig werden nur drei Beine bewegt und zwar immer zwei der einen Seite, eines der Gegenseite. Die Fühler sind schräg nach vorn und horizontal gestreckt, senken sich aber dann und wann in langsamer Pendelbewegung auf die Unterlage, um den Weg zu prüfen. Hindernisse, welche so in der Laufrichtung erkannt werden, können meist nach kurzer Laufstockung, falls sie klein und unbedeutend sind, überklettert werden, oder aber sie werden — bei größeren fast immer — umgangen. Wassertropfen wirken stets als zu umgehende Hindernisse. Der Lauf der Rübenwanze hat eine Besonderheit gegenüber dem anderer Insekten, er verläuft ruckweise. Diese Rucke im stetigen Lauf sind nicht etwa kleine eingelegte Pausen mit wiedereinsetzender

Bewegung, sondern beruhen darauf, daß die Verlagerung des Körpers in der Bewegungsrichtung beim Vorsetzen der Beine nicht allmählich und stetig stattfindet. Vielmehr werden die zwei Beine der einen und eines der Gegenseite vorgestreckt und aufgesetzt, wobei der Körper aber immer noch auf den in Ruhe befindlichen Standbeinen ruht. Dann erst wird der Körper mit einem Ruck, der wahrscheinlich durch Kontraktion der drei vorgesetzten Beine und gleichzeitiger Extension der drei Standbeine ausgelöst wird, vorgeschnellt und ruht nun auf den drei vorgestreckten Beinen, die damit Standbeine werden. Die bisherigen Standbeine werden jetzt vorwärts getreckt, und die Bewegung läuft erneut in gleicher Weise ab. Diese ruckweise Bewegung läßt sich bei fast allen laufenden Wanzen beobachten, wenn die Temperatur unterhalb $+18^0$ C liegt; oberhalb dieser Grenze verschwinden die Rucke fast gänzlich, da die Bewegungen dann im ganzen zu beschleunigt sind. Bei jeder Laufbewegung, allerdings bei hohen Temperaturen viel weniger als bei niederen, werden von der Rübenblattwanze Ruhepausen eingelegt, die von wenigen Sekunden bis zu mehreren Minuten dauern können. Dadurch wird die in der Zeiteinheit zurückgelegte Strecke, d. h. die Geschwindigkeit, sehr stark herabgedrückt.

Die Laufgeschwindigkeit der Rübenwanze hängt eng mit der Temperatur zusammen. Während die untere Schwelle für Laufbewegung im Winter bei $+3^0$ C lag, liegt diese Grenze im Sommer bei $+6^0$ C. Die hier einsetzenden Laufbewegungen sind sehr langsam, zögernd und mit langen Pausen durchsetzt. Je höher die Temperatur ansteigt, um so schneller und sicherer wird der Lauf, und um so kürzer werden die Pausen. Trotzdem ist diese Bewegung immer noch als langsamer Lauf zu bezeichnen. Erst wenn die Temperatur über $+18^0$ C steigt, tritt der schnelle Lauf auf, der sich vom langsamen dadurch unterscheidet, daß keine Rucke in der Einzelbewegung mehr sichtbar sind, und daß die Pausen nur einige Sekunden betragen. Die Geschwindigkeit des Schnelllaufes, gemessen im Sonnenlicht bei $+20^0$ C auf Fließpapier als Unterlage, beträgt nach Abzug der Zeit der Ruhepausen in Zentimetern je Minute:

Tabelle 3.

	Maximal	Minimal	Mittelwert
bei den Männchen	22,8	12,8	14,7
bei den Weibchen	15,2	11,2	12,1

Die exakte Messung der Geschwindigkeit des langsamen Laufes stößt wegen der kurzen Laufstrecken und der vielen und langen eingeschalteten Ruhepausen auf Schwierigkeiten. Bei $+15^0$ C wurde für beide Geschlechter eine mittlere Geschwindigkeit von ungefähr 5 cm je Minute unter Abzug der Ruhepausen errechnet. Wegen der letzteren aber benötigt die Wanze zu dieser kleinen Strecke in Wirklichkeit ungefähr 10 bis 12 Minuten. Über die Laufgeschwindigkeit ist also zusammenfassend zu sagen, daß die Wanzen bei Temperaturen über $+18^0$ C schnell und weit laufen können, unterhalb dieser Grenze aber nur geringere Bewegung und Ausbreitung zeigen.

Die Laufrichtung ist im Sommer bei diffusem und bei Sonnenlicht lichtstrebig, jedoch konnte bei außerordentlich greller Sonnenstrahlung („die Sonne sticht") im Laboratorium und im Freiland beobachtet werden, daß die Wanzen sich vom Licht abwandten und in der Laufrichtung unsicher wurden, ja sich dargebotenem Schatten zuwandten. Über die Änderung der Lichtstrebigkeit im Herbst, Winter und Frühling wurde bereits gesprochen, sie drückt sich ja durchaus in der Laufrichtung aus.

Als weitere Bewegungsform der Rübenblattwanze ist der Flug zu erwähnen. Wie bereits gesagt, findet er sich beim Zu- und Abwandern von den Winterquartieren, außerdem auch im Sommer als Massen- oder Einzelflug auf den Rübenäckern. Stets ist die Vorbedingung warmes, sonniges, und fast windstilles Wetter. Ext (17, S. 10) schreibt hierzu: „An sommerlich warmen, schwülen Tagen erheben sie sich manchmal sogar in die Luft und werden so, größtenteils passiv vom Winde getragen, auf die Rübenschläge getrieben. An einem solchen Tage geriet ich einmal in einen Schwarm von Rübenwanzen." Auch Schneider (Dessau) hat, nach mündlicher Mitteilung, Schwarmflug der Rübenwanzen gesehen. Ich konnte am 29. Juli 1927 nachmittags von 2 bis 4 Uhr auf einem Rübenfeld am Landgraben bei Mosigkau elf Wanzen, jede für sich fliegend, antreffen. Die Flugrichtung ging bei völliger Windstille von den Feldseiten her zur Mitte des großen Rübenschlages ungefähr von West nach Ost. Die Fluggeschwindigkeit war gering, ich konnte in beschleunigter Gangart der fliegenden Wanze folgen, sie betrug also schätzungsweise ungefähr 110 m in der Minute. Die Flüge dehnten sich aber im einzelnen nicht sehr weit aus, nach ungefähr 50 m fielen die Wanzen wieder ein. Auch in die Höhe erhob sich die Wanze nicht sonderlich: kein Tier flog höher als 3 m. Am Fluge beteiligten sich Männchen und Weibchen. Die Lufttemperatur im Schatten betrug $+24^0$ C, die Sonne brannte außerordentlich stark, während im Westen sich Gewitterwolken zusammenballten. Was die Flugbewegung im einzelnen anlangt, so konnte sie nicht ausreichend beobachtet werden, doch schien es mir so, als ob auch die Vorderflügel aktiv mitschlagen und nicht etwa nur als Stabilisierungsflächen dienen. Vorder- und Hinterflügel scheinen nicht gemeinsam zu schlagen, sondern jedes Paar für sich. Die Vorbereitungen zum Flug konnten eingehender beobachtet werden: nach einigen Schritten der schnellen Laufbewegung bleibt die Wanze stehen und spreizt ein- oder mehrmals die Flügel schräg nach aufwärts und vorwärts aus. Danach schnelles Putzen der Flügel durch die Hinterbeine, die von vorn nach hinten darüberstreichen. Dann werden wieder drei bis vier schnelle Schritte vorwärts gemacht, wieder werden die Flügel gespreizt und unter Abstoßen der Mittel- und Hinterbeine — einer Art Absprung — erhebt sich die Wanze in schräger Kurve in die Luft. Das Spreizen und die Laufpausen können sich natürlich nicht nur zweimal, sondern mehrmals wiederholen. Meistens fand der Abflug von einem erhöhten Punkte aus statt, von der Blattoberseite oder der Blattspitze. Häufig verunglückte auch der Abflug, die Wanze erkletterte dann aber schnell wieder einen erhöhten Punkt und wiederholte den Abflug. Die biologische Ursache und Bedeutung des Fliegens ist nicht klar: Nahrungsmangel, Suche nach Eiablageplätzen, Geschlechtsanlockung oder ähnliches kommt nicht in Betracht. Als Erklärung bleibt nur die erhöhte Temperatur und Sonnenbestrahlung, die also scheinbar diese Bewegungsform auslösen.

Als weitere Bewegungsform seien kurz die Putzbewegungen betrachtet. Die Rübenblattwanze putzt nur mit den Beinen: und zwar dienen die Vorderbeine zum Putzen der Mundwerkzeuge, der Fühler, der Mittelbeine und des Vorderbeins der Gegenseite; die Mittelbeine putzen die Unterseite des Hinterleibs, die Hinterbeine und das Mittelbein der Gegenseite; die Hinterbeine schließlich putzen die Geschlechtsanhänge, den hinteren und seitlichen Teil des Hinterleibes, die Flügel auf ihrer Ober- und Unterseite, die Mittelbeine und das Hinterbein der Gegenseite. Geputzt wird mit den Tarsengliedern und dem distalen Ende der Tibien. Die Putzbewegungen der Vorder- und Hinterbeine sind häufig, die der mittleren Beine selten zu beobachten. Die Rübenwanze kann nicht putzen oder mit ihren putzenden Beinen erreichen: die Oberseite des Kopfes, die Oberseite der Brust und das proximale Ende der Flügel und des Hinterleibes. Abgeputzt werden hauptsächlich Erdpartikelchen, die am Körper beim Kriechen auf dem Boden hängen bleiben. Ebenso wird stets geputzt nach dem Saugakt und nach der Begattung. Während der Ruhepausen des langsamen Laufes werden auch die Fühler bisweilen geputzt. Kommen die Wanzen mit Wassertropfen des Regens oder Taues in Berührung, so können sie, wenn sie auch schwer benetzbar sind, sich doch ziemlich mit Wasser zwischen den Beinen und Flügelrändern aufladen. Dann „laufen sie ein Stück weit, berühren dann mit dem Hinterleib den Boden, so daß der anhängende Tropfen auf der Unterlage adhäriert, erheben sich dann unter Streckung der Beine und bewegen sich in einem wunderlichen Stelzengang ein paar Schritte weit und entledigen sich so aller anhaftenden Flüssigkeit. Unter Umständen wird das Spiel mehrere Male wiederholt" (EXT, *17*, S. 18). Die letzten Reste des Wassers werden schließlich noch durch ausgiebige Putzbewegungen entfernt.

Ist die Rübenwanze auf den Rücken gefallen, so führt sie heftige Umkehrbewegungen aus. Obwohl die flache und breite Körperform des Tieres das Umdrehen auf die Bauchseite recht schwierig erscheinen läßt, so gelingt dieses doch meistens einfach durch Streck- und Beugebewegungen („Angeln") sämtlicher Beine einer Seite, während die der Gegenseite sich ruhig am Körper anlegen oder gleichsinnige Bewegungen in Richtung nach der Umkehrseite machen. Meistens wird auf diese Weise in freier Natur ein Punkt gefunden, an dem sich das eine oder das andere Bein anklammern und dann den Körper heranziehen und herumwerfen können. Gelingt dies auf diesem einfachen Wege nicht, so wird die Hilfe der Flügel herangezogen. Sie werden ausgespreizt und heben dann den Hinterleib hoch, der sich nach rechts oder links hinüberneigt und so den gesamten Körper des Tieres umwirft.

Schließlich sei noch die Stellung erwähnt, die die Rübenwanze regelmäßig im Tode einnimmt: die Beine sind an den Körper leicht angezogen, die Vordertibien nach vorn, die Mittel- und Hintertibien nach hinten gerichtet. Die Fühler stehen wagerecht und schräg in spitzem Winkel zueinander nach vorn vom Kopf ab, sind also niemals an Kopf und Brust angelegt. Die Flügel können, meistens bei den Weibchen, ein wenig auseinander gespreizt sein.

Das Verhalten der Rübenwanze bei der Ernährung. Beim langsamen Lauf tastet die Rübenwanze mit ihren Fühlern, besonders dann, wenn sie nach Nahrung ausgeht, die Unterlage auf der sie läuft, ab. Scheint diese Unterlage zur Nahrungsaufnahme geeignet zu sein, also auf dem Blatt oder Stengel des Rübenpflänzchens, so wird die Fühlerkeule mit ihrem distalen Drittel aufgesetzt und prüft während eines kurzen Haltes im Lauf die Nahrungsquelle. Außer diesem Tasten mit den Fühlern geht stets der Nahrungsaufnahme ein Absuchen des Laufuntergrundes mit der Spitze der Unterlippe voraus. Diese ist beim Nahrungssuchlauf nicht an den Körper zwischen die Vorderbeinhüften eingeschlagen und angelegt, sondern sie ist schräg nach hinten gestreckt, und wird, die Unterlage leicht berührend, „nachgeschleift". Dabei ist auf gewissen Strecken des Laufes auch wieder festzustellen, daß der Schnabel leicht angehoben und manchmal auch an den Körper angelegt wird, um dann wieder abgespreizt und auf die Unterlage aufgesetzt zu werden. Der gesamte Nahrungssuchlauf wird durch häufiges Putzen der Fühler und des Schnabels unterbrochen.

Der Einstich. Ist eine geeignete Stelle für die Nahrungsaufnahme auf dem Blatt oder dem Stengel der Rübenpflanze durch dieses vorbereitende Tasten mit Fühlern und Schnabelspitze gefunden, so bleibt die Wanze stehen, putzt meistens mit den Vorderbeinen abwechselnd die Schnabelspitze und die beiden Fühler, tastet mit ersterer nochmals die Einstichstelle ab und läßt jetzt die Unterlippe ruhig auf einem bestimmten Fleck stehen (Abb. 29). Hierbei ist die Unterlippe schräg nach hinten gerichtet und nur in seltenen Fällen etwas mehr senkrecht aufgesetzt. Das ruhige Verweilen der Unterlippe auf der Einstichstelle dauert für gewöhnlich 30 Sekunden, kann aber bis zu 3 Minuten währen, während welcher Zeit auch nicht die geringsten Bewegungen an der ganzen Wanze festzustellen sind. Nach der scheinbaren Ruhepause wird nun entweder der Schnabel wieder an den Körper halb angelegt, und der Suchlauf wieder aufgenommen, dann war das Einstechen nicht gelungen, oder aber die Unterlippe schlägt sich ganz langsam an die Körperunterseite zurück und läßt nach vorn das Stechborstenbündel frei heraustreten. Diese Stechborsten sind mit ihren Spitzen bereits in das Pflanzen-

Abb. 29. Saugende Rübenblattwanzen am Rübenkeimling. Phot. Landwirtschaftskammer Dessau.

gewebe eingestochen. Also während der scheinbaren Ruhepause hat das Stechborstenbündel, geführt von der Unterlippe, sich in die Pflanze eingebohrt, ohne daß auch nur die geringste Bewegung am Kopf, Körper oder Beinen der Wanze sichtbar wurde. Meistens ruht während des ersten Stechaktes die Hinterleibsspitze leicht auf der Unterlage. Nach dem Zurückschlagen der Unterlippe wird nun der Körper ganz langsam, beinahe unmerklich gesenkt, indem die Beine ganz allmählich in den Gelenken gebeugt werden. Dabei wird das Stechborstenbündel ganz allmählich tiefer eingeführt. Dieses Senken richtet sich natürlich ganz danach, wie tief die Borsten in das Pflanzengewebe eingestochen werden. Da die freie Länge des Stechborstenbündels im Zustand des weitesten Ausstreckens ungefähr 0,5 mm beträgt, so

kann man zunächst feststellen, daß die Stechborsten beim Zurückschlagen der Unterlippe nur ganz wenig tief eingestochen sind, nämlich nur 0,05 bis 0,1 mm. Beim allmählichen Senken des Körpers werden die Stechborsten im allgemeinen nur so weit eingeführt, daß noch 0,2 bis 0,3 mm zwischen Kopf und Nahrungsquelle frei sichtbar bleiben, d. h. also, sie dringen 0,3 bis 0,2 mm tief ins Pflanzengewebe ein. Will die Wanze noch tiefer stechen, so vollführt sie jetzt während des ganzen Stechaktes die ersten Körperbewegungen: es erfolgen wenige kurze und langsame Schritte aller sechs Beine, meistens angefangen mit den Vorderbeinen, welche nach hinten und den Seiten, d. h. nach auswärts in die Breite, gerichtet sind. Dadurch werden die Stechborsten zunächst einmal mehr nach vorn gerückt, also senkrecht gestellt und dann können jetzt die weiter auswärts stehenden Beine das Stechborstenbündel ganz tief eindringen lassen, indem sie sich wiederum unmerklich beugen. Auf diese Weise können der Körper und der Kopf bis auf die Unterlage aufgelegt werden und die Stechborsten fast restlos im Pflanzengewebe verschwinden. Sie haben also ihre größte Stechtiefe von ungefähr 0,5 mm erreicht. Betont muß also werden, daß bei den gesamten Einstichbewegungen niemals Stoß- oder Pumpbewegungen zu beobachten waren, weder mit dem Kopf noch mit dem Körper. Während der gesamten Saugvorgänge kann die Wanze die Fühler verschieden halten, meistens sind sie seitlich nach vorn horizontal ausgestreckt.

Die Einstichtiefe der Mundgliedmaßen richtet sich nach der Blattdicke, diese beträgt beim halberwachsenen Rübenblatt im Mittel 0,4 mm, steigt aber natürlich im Gebiet der Gefäßbündel erheblich an. Es ist infolgedessen der Rübenwanze möglich, innerhalb der Zonen des Blattparenchyms alle Zellschichten mit ihrem Rüssel zu erreichen, in die Gefäßbündel aber nur bis zu einer Tiefe von 0,5 mm einzudringen (vgl. Abschn. VI, b).

SCHUBERT (47), der als einziger bisheriger Bearbeiter dem Saugakt der Rübenwanze etwas mehr Beachtung geschenkt hat, berichtet von einem Einknicken der Unterlippe nach hinten nach Einstich des Borstenbündels, also von einem ähnlichen Verhalten, wie es bei der Bettwanze anzutreffen ist (HASE, 27). Dieses Einknicken habe ich auch zuweilen gesehen, es ist aber sicher nicht der typische Vorgang, vielmehr erschien es mir in diesem Falle so, als ob bei dem betreffenden Stechakt die Unterlippe sich nicht von der Unterlage ablösen konnte und hängen blieb, sich also nun bei weiterem Eindringen der Borsten notwendigerweise einknicken mußte.

Über das Eindringen der Stechborsten im einzelnen, die Bewegung der Protraktoren und Retraktoren, der Mandibeln und Maxillen usw. kann die unmittelbare Beobachtung bei der lebenden Rübenblattwanze infolge ihrer Undurchsichtigkeit keine weiteren Aufschlüsse geben. Zieht man die Untersuchungen über die Physiologie des Saugvorganges verwandter Formen heran, besonders die Arbeit von WEBER, so ist zunächst einmal festzustellen, daß eine besondere Greifbewegung der Unterlippe zur Verhütung des Zurückgleitens der Borsten sicherlich bei der Rübenwanze nicht statthat. Der ganze Einstich dürfte vielmehr nur durch das abwechselnde Arbeiten der Mandibeln und Maxillen zustandekommen, wobei wahrscheinlich die Mandibeln nacheinander und abwechselnd und die Maxillen gleichzeitig und gemeinsam einstechen. Das weitere Vortreten der Stechborsten wird fernerhin ermöglicht dadurch, daß die Unterlippe sich zurückschlägt oder im seltenen Ausnahmefall nach hinten einknickt, in jedem Falle aber das Borstenbündel freigibt.

Ist die Bewegung des Einstichs des Borstenbündels zum Abschluß gekommen, so beginnt — so müssen wir in Anlehnung an die ähnlichen Verhältnisse bei anderen pflanzensaugenden Rhynchoten annehmen (vgl. besonders ZWEIGELT) — der Speichel, der allerdings schon beim Einstich die Borsten begleitete, stärker zu fließen, indem die Speichelpumpe stärker arbeitet. Dieser Speichel soll neben einer wahrscheinlichen diastase-ähnlichen Fermentwirkung auf Stärke einen starken Zustrom von Säften nach der Stichstelle hin verursachen, da seine ihm innewohnende, starke osmotische Saugkraft den Turgor der umgebenden Pflanzenzellen vermindert. Dann kann das eigentliche Saugen beginnen, indem die Mundpumpe zu arbeiten beginnt. Alle diese Vorgänge spielen sich aber ab, ohne daß äußerlich das geringste zu beobachten wäre, die Wanze saugt und bewegt dabei höchstens einmal die Fühler etwas mehr nach vorn oder nach hinten zu. Auch ein Anschwellen des Hinterleibes, wie es bei Bettwanzen stets sehr deutlich zu beobachten ist, tritt niemals auf. Das einzige, was, allerdings auch nicht regelmäßig, sich beobachten ließ, war eine Abgabe von Kot, der kurz nach Saugbeginn in Form von ein oder zwei weißlich klaren Tröpfchen auf die Unterlage abgesetzt wurde.

Die Dauer des einzelnen Saugaktes kann sehr verschieden lang sein. Schon nach 1 Minute kann das Borstenbündel wieder herausgezogen werden, dann scheint die Saugstelle aus irgendwelchen Gründen nicht ergiebig genug gewesen zu sein, oder in anderen Fällen kann es 1 Stunde lang — diese Zeit wurde genau beobachtet — wahrscheinlich aber noch länger im gleichen Einstichloch verharren. Wenn das Saugrohr so lange Zeit in der gleichen Stichstelle stehen bleibt, so verhält es sich aber nicht ständig in der gleichen Tiefe des Pflanzengewebes. Man kann dann äußerlich nur beobachten, wie das Tier durch leichtes Anheben des Kopfes, das fast stets begleitet ist von der gleichsinnigen Bewegung des Körpers, die Stechborsten tiefer oder höher einstellt. Da die Stichflecken besonders dort, wo die Wanzen längere Zeit sogen, sich weit ausdehnen und viele leergesogene Zellen umfassen (vgl. Abschn. VI, b), so muß angenommen werden, daß von der Einstichstelle aus sich die einzelnen Stichkanäle verästelt im Pflanzengewebe verzweigen. Daß eine Steuerung des Stechborstenbündels möglich ist, hat WEBER gezeigt. Es wäre demnach leicht vorzustellen, daß das Saugrohr nach Leersaugen einer Zone bis an die Epidermis zurückgezogen und dann wieder in das Pflanzengewebe hineingestoßen wird, nun aber in einen noch nicht besogenen Bezirk. Die sehr gezwungen erscheinende Annahme von „spezifischen Nerven- und Sinnesorganen in den Saugborsten" (ZWEIGELT) ist meiner Ansicht nach entbehrlich, da viel leichter zu vermuten ist, daß Druckwahrnehmungen am proximalen Ende der Stechborsten in der Kopfkapsel stattfinden, und chemisch-geschmackliche Unterschiede durch den aufsteigenden Gewebesaft im Epipharynx und Hypopharynx geprüft werden.

Ist das Saugen an einer Einstichstelle nach mehr oder weniger langer Zeit beendet, so werden zunächst Kopf und Körper durch Beugen der Beine oder, wenn nötig, durch ganz kurze Schritte etwas angehoben und dann die Stechborsten langsam herausgezogen. Im Augenblick, wo das Borstenbündel frei ist, wird die Unterlippe nach vorn gedrückt und nimmt die Borsten sofort in sich auf. Anschließend daran wird mit den Vorderbeinen ausgiebig geputzt und zwar sowohl an der ganzen Unterlippe, als auch an dem jetzt fast regelmäßig aus der Unterlippenspitze austretenden Ende des Stechborstenbündels. Darauf legt sich die die Borsten umfassende Unterlippe ventralwärts an den Körper wagerecht an. Nach wenigen Schritten kann alerdings sofort wieder ein neuer Einstich und neues Saugen stattfinden.

Am Besaugen der Pflanzen beteiligen sich im Frühling nach der Auswanderung aus den Winterquartieren beide Geschlechter in gleicher Weise. Später allerdings sind es hauptsächlich die Weibchen, die saugend an den Pflanzen angetroffen werden, während die Männchen nur gelegentlich und kurze Zeit saugen. Erklärlich wird dieses gesteigerte Nahrungsbedürfnis der Weibchen durch das rege Eierlegen. Ext (*17*) fand, daß bei den Weibchen infolge des starken Saugens der „Hinterleib eine deutlich lichtgrüne Färbung annimmt". Dies tritt bei allen den Weibchen in Erscheinung, die hell genug gefärbt sind, um den grünen Farbton des Darminhaltes durchschimmern zu lassen. Schwarze Weibchen und die in der Regel dunkler gefärbten Männchen bleiben dunkel, aber auch bei ihnen ist beim Aufpräparieren der Darminhalt grün gefärbt, nur schimmert diese Farbe durch das schwarzbraune Chitin nicht hindurch.

Die Pflanzensäfte sind nicht die einzige Nahrung, die saugend von den Rübenwanzen aufgenommen werden. Ich habe einmal im Freiland und einige Male in den Zuchtgefäßen beobachten können, daß Wanzen auch klares Wasser (Tautropfen, bzw. künstliche Wassertropfen), das auf oder an den Blättern hängt, aufsaugten, indem sie den Rüssel über die senkrechte Stellung nach vorn vorstreckten und die Spitze des Borstenbündels in den Wassertropfen eintauchten, während die Unterlippe nicht an den Körper zurückgeschlagen wurde, sondern die Spitze der Borsten auf 1 bis 2 mm freigab.

Die Nahrungsmenge, die eine Rübenwanze zu sich nimmt, ist recht bedeutend. Da Wägungen in exakter Form bisher wegen Fehlens der notwendigen Apparatur nicht durchgeführt werden konnten, so soll auf indirektem Wege das Nahrungsbedürfnis erläutert werden. Wurde zehn Wanzen als einzige Nahrung ein Rübenkeimling dargeboten, der außer den Keimblättern zwei Laubblätter von je 1 cm Länge entwickelt hatte, und der normal bewurzelt im Blumentopf stand, so war dieser Keimling nach 24 Stunden Saugezeit welk und ließ die Keimblätter hängen (vgl. Abb. 29). Nach weiteren 24 Stunden waren auch die Laubblätter welk und meistens neigte sich der Vegetationspunkt leicht zur Seite. Setzte man die zehn Wanzen nach dieser 48stündigen Saugezeit ab, so ging der Keimling in der Mehrzahl der Versuche innerhalb der nächsten 48 Stunden ein. Daraus ergibt sich also, daß abgesehen von einer vermeintlichen „Giftwirkung" des Wanzensaugstiches die Nahrungsmenge von zehn Wanzen innerhalb von 48 Stunden ungefähr einem jungen Rübenkeimling der beschriebenen Größe entspricht.

Aus diesem ziemlich großen Nahrungsbedürfnis wäre zu schließen, daß die Widerstandsfähigkeit der Rübenwanze gegen Hunger nur gering ist. Schubert (47) fand, daß „nach 2 bis 4 Tagen eine Hungerstarre eintritt" und daß „bei ungefähr 20⁰ C *Piesma* eine nahrungslose Zeit bis zu 3 Wochen überstehen" kann. Meine Hungerversuche hatten als Ergebnis auch die Feststellung der Hungerstarre, dagegen fand ich bei $+22^0$ C als längste Hungerzeit, aus der noch einzelne Tiere, hauptsächlich Weibchen, wieder lebendig wurden, nur 3 Tage. Allerdings wurden diese Versuche Ende August mit vorjährigen Wanzen angestellt, die also an und 'ür sich schon „altersschwach" waren. Je niedriger die Temperatur ist, um so besser wird der Hunger von den Wanzen überstanden. Das beweist ihr Verhalten in den Winterquartieren.

Die Wanzen setzen Kot ab. Dieser ist stets flüssig, niemals geformt. Er bildet kleine farblose oder weißliche bis grünlichgelbe Tröpfchen einer schwach klebrigen Flüssigkeit. In freier Natur ist auf den befallenen Rübenpflanzen kaum etwas von dem Wanzenkot zu bemerken. In den Zuchtschalen aber sind die Glaswände und das Fließpapier nach 1 Monat kräftigen Saugens von den kleinen, ungefähr 2 mm im Durchmesser messenden Tröpfchen reichlich beschmutzt. Zuweilen färben sich die Kotflecken auf dem Fließpapier nachträglich dunkelbraun.

Die Pflanzen, welche die Rübenwanze zur Nahrung annimmt, wurden bereits erwähnt (vgl. Abschn. II), und über die an ihnen auftretenden Krankheitserscheinungen wird später noch die Rede sein (Abschn. VI, b). Nur eine Frage sei hier besprochen, nämlich ob bestimmte Pflanzenteile von den saugenden Rübenwanzen bevorzugt werden. Am Rübenkeimling werden alle Teile ungefähr gleich stark und gern besogen, nur die Oberseite der Keimblätter wird weniger häufig angenommen. Bei den älteren und erwachsenen Rüben werden Wurzelteile, die aus dem Erdboden hervorsehen, fast nie besogen, ebenso wird die Oberseite der Blätter selten angenommen. Bevorzugt sind die Unterseiten der Blätter, hier wieder die kleineren Adern und die Blattstiele. An Meldepflanzen (*Chenopodium album*) fand ich die Wanzen besonders gern an Blattstielen und der Unterseite mittelgroßer Blätter saugend, weniger gern am Stengel und gar nicht an der Blattoberseite. Auch bei künstlichen Infektionen mit den verschiedensten Kulturpflanzen (vgl. Abschn. II und VI, e) war gleichmäßig zu beobachten, daß Blattunterseiten und Blattstiele besonders gern angenommen wurden im Vergleich mit anderen Pflanzenteilen.

Wenige Worte seien noch über den Nahrungswechsel der Rübenwanze angefügt. Bis ungefähr zum Jahre 1900 hat *Piesma quadrata* ausschließlich auf Chenopodiaceen gelebt. Dann ist sie allmählich auf die kultivierten Formen der Rübe (Zucker- und Futterrübe) übergewandert, aber durchaus nicht in allen Teilen ihres Verbreitungsgebietes. Dicht neben den Grenzen des Schadgebietes findet sich die Wanze noch auf Chenopodiaceen, ohne auf die angebauten Rüben zum Saugen überzugehen. So konnte SCHNEIDER (Akten der Landwirtschaftskammer Dessau) *Piesma quadrata* in sehr großer Menge an *Atriplex hastatum* im Dröbelschen Busch (Jagen 39) bei Bernburg feststellen, ohne daß sie auf Futterrüben, die unmittelbar daneben üppig wuchsen, übergegangen wären. Auch DYCKERHOFF (*8, 9*) fand in der Ascherslebener Umgegend („Seengelände“) in den Jahren 1923 und 1924 die Wanzen an Meldearten saugend, aber niemals an Rüben oder Rübenkeimlingen, die zwischen den Melden zufällig oder angepflanzt wuchsen. Im Jahre 1927 und 1928 konnte ich nun an den gleichen Ascherslebener Fundstellen finden, daß die Rübenwanzen wohl noch in der Mehrzahl an Chenopodiaceen saßen, in einzelnen Exemplaren aber schon an den zufällig auflaufenden Rübenkeimlingen und später an den älteren Pflanzen auf den dortigen Wusthaufen saugten. Auch SCHNEIDER (s. oben) berichtet, daß im Dröbelschen Busch im benachbarten Jagen 38 sich die Wanzen sowohl an Melde als auch an Rüben fanden. Es ist also festzustellen, daß bei Bernburg und Aschersleben die Rübenblattwanze sich in einer Umstellung in der Ernährung befindet, wobei nur kurz noch bemerkt sei, daß an beiden Beobachtungsorten an den besogenen Rübenpflanzen keine Kräuselung zu finden war (Näheres vgl. Abschn. VI, d). Wodurch nun dieser Nahrungswechsel begründet ist, läßt sich nicht einwandfrei feststellen. Es können chemisch-geschmackliche Gründe mitsprechen oder auch rein mechanische, d. h. also der Saft der Rübenpflanze „schmeckt“ der Wanze besser, oder die Zellwände der Epidermis und der anderen Zellschichten des Rübenblattes setzen den eindringenden Stechborsten geringeren Widerstand entgegen. Die Frage nach dem Warum des Überganges mancher zunächst harmloser Insekten von wildwachsenden Pflanzen auf Kulturpflanzen ist noch nicht gelöst. Sicherlich würde aber die Lösung dieser Frage bei den verschiedenen Rübenschädlingen, die erst in jüngster Zeit auf die Rübe als Nährpflanze überwanderten — ich denke neben der *Piesma* auch an Cassiden und Silphinen — nicht nur wissenschaftliche, sondern auch wirtschaftliche Belange berühen.

Verhalten bei der Begattung. Wenige Tage, nachdem die Wanzen im Frühling auf den Feldern ihre erste Nahrung zu sich genommen haben, also im April, findet zwischen Männchen und Weibchen Begattung statt. Zwischen Tieren, die aus den Winterquartieren abwandern, aber noch nicht gesogen haben, finden wohl Annäherungs-

versuche statt, aber eine wirkliche Begattung konnte ich niemals feststellen. Kopula und Kopulationsversuche werden von den Wanzen
nur ausgeführt, wenn die Lufttemperatur über $+ 12^0$ C liegt. Am
kopulationslustigsten sind die Wanzen bei Sonnenschein.

Der eigentlichen Kopula gehen Vorbereitungen voraus, die man in
gewissem Sinne als Liebesspiel bezeichnen kann. Der aktive Teil hierbei sind durchaus die Männchen. Auf Grund meiner Freilandbeobachtungen ergibt sich folgendes Schema, das natürlich im einzelnen gewissen individuellen Abänderungen unterliegen kann: Begegnen sich die
Tiere auf dem Wege zur Nährpflanze oder auf dieser selbst, so bemerkt
das Männchen das Weibchen in einer Entfernung bis zu ungefähr 5 cm.
Bei dieser Wahrnehmung scheinen die Fühler die Hauptrolle zu spielen,
da sie in lebhaftere Auf- und Abbewegungen geraten. Das männliche
Tier läuft jetzt zunächst gerade aus auf das weibliche zu und betastet
es mit den Fühlern an der Körperstelle, an der es zunächst auf das Weibchen gestoßen ist. Danach läßt es umgehend von dem Weibchen ab und
stellt seinen Körper längsseit zu dem des Weibchens, den Kopf in gleicher
Richtung wie der des Weibchens. Meistens geht das Männchen einige
Schritte rückwärts und tastet mit den Fühlern in Richtung des weiblichen Hinterleibsendes in der Luft herum. Nun nähert es sich seitlich
von hinten kommend erneut der weiblichen Partnerin und versucht auf
den Rücken des Weibchens zu klettern. Hierbei wird entschieden die
linke Seite des Weibchens bevorzugt; daß aber nur von links das Weibchen bestiegen würde, wie Schubert (47) angibt, kann ich nicht bestätigen. Beim Versuch des Männchens, auf den Rücken des Weibchens
zu klettern, verhält sich das letztere entweder ganz teilnahmslos und
sitzt still, oder es macht zuweilen mit dem Hinterleib und den Flügeln
schüttelnde Abwehrbewegungen und läuft weiter. Das Männchen läßt
sich aber nicht abwehren und hat nach spätestens ungefähr 1 Minute
den Rücken des Weibchens erreicht. Hier faßt es zunächst einmal fest
Fuß, indem die Vordertarsen an den Vorderecken der Vorderbrust, die
Mitteltarsen an deren Hinterecken und die Hintertarsen an den Flügelrändern sich anklammern. Ist dies gelungen, so werden die männlichen
Fühler nach unten gesenkt, so daß sie zwischen oder neben den weiblichen stehen, ohne daß aber ein „Betrillern" stattfände. In dieser Stellung kann das Männchen geraume Zeit verharren, meistens aber beginnt
anschließend die Begattung.

Um die Begattung auszuführen, schiebt sich die männliche auf dem
Rücken des Weibchens sitzende Rübenwanze ganz langsam nach hinten,
wobei die Vorderbeine sich zunächst lang ausstrecken, dann aber ihren
Anklamerungspunkt von den Vorderecken der Vorderbrust mehr nach
den rückwärtigen Seiten verlegen. Auch die beiden anderen Fußpaare
fassen das Weibchen etwas weiter rückwärts an. Das männliche Hinter-

leibsende tastet mit der dorsalen Seite des 9. Segments an der linken
Flügel- und Hinterleibsseite des Weibchens entlang und streckt sich in
die Länge, indem besonders das 8. Segment (Abb. 7 und 8) sich aus-
stülpt. Jetzt verlagert sich das ganze Männchen, besonders mit seinem
Hinterleib, mehr nach links und das männliche Hinterleibsende wird
wagerecht von der linken Seite her unter das weibliche Hinterleibsende
geschoben, wobei das 8. und 9. Segment des Männchens sich nach halbrechts und unten einbiegen. Das linke Hinterbein des Männchens läßt
los und sucht einen Haltepunkt auf der Bauchseite des Weibchens, oder
bleibt auch an den männlichen Hinterleib angezogen. Die Fühler des
Männchens sind schräg nach unten in Richtung auf das Pronotum des
Weibchens gerichtet, die weiblichen Fühler stehen schräg nach vorn und
oben. Das Männchen hängt also nunmehr auf der linken Seite des Weibchens und berührt mit seinem durch das ausgestülpte 8. Segment ver-
längerten Hinterleibsende die weibliche Geschlechtsöffnung des 8. Segments von unten her. Denn beim Weibchen haben sich die geteilten
Bauchplatten des 7. Segments geöffnet und lassen die darunter liegenden
Anhangsorgane frei heraustreten. Dabei dreht sich das weibliche Hinterleibsende wenig halblinks nach oben. Die dorsale Seite des männlichen
9. Segments, die die Grube mit den männlichen Geschlechtsorganen enthält, preßt sich jetzt von unten auf die weibliche Geschlechtsöffnung,
wobei scheinbar — eine genaue Beobachtung der folgenden Vorgänge
ist nicht mehr möglich — die männlichen Klammerorgane an den Gonapophysen angreifen und diese zur Seite drücken. Dann wird der spiralig
gewundene Penis in die ebenfalls spiralige Vagina eingeführt, die Kopula
ist vollzogen. Die Flügelhaltung des Männchens, wie auch des Weibchens während der ganzen Vorgänge bietet nichts Besonderes: beim Weibchen sind die Flügel durch das umklammernde Männchen festgehalten,
beim „hängenden" Männchen bleiben die Flügel gerade nach hinten gestreckt, sind aber infolge des nach unten und halbrechts verschobenen
Hinterleibsendes in ihrem hinteren Abschnitt frei abstehend. Während
dieser ganzen Vorgänge kann das Weibchen sich gänzlich teilnahmslos
verhalten, es kann aber auch mit den Hinterbeinen, allerdings erfolglos,
Abwehrbewegungen ausführen. Je nach dem Verhalten des Weibchens
dauert es auch verschieden lange Zeit, bis das Männchen, vom Beginn
des langsamen Rückwärtskriechens an gerechnet, seinen Penis eingeführt
hat, nämlich 30 Sekunden bis zu 5 Minuten.

Nach Einführung des männlichen Gliedes ist das Männchen der teil-
nahmslose Teil des Paares. Es macht keine Bewegungen und sitzt in der
geschilderten Stellung ganz ruhig auf oder richtiger seitlich am Weibchen. Dieses aber läuft umher, saugt an der Nährpflanze, läßt sich auch
bei Störungen von der Pflanze abfallen und verkriecht sich in Verstecke,
kurz es verhält sich so, als ob das kopulierende Männchen gar nicht

vorhanden wäre. Bei allen diesen Lebensäußerungen des Weibchens ist aber die Verbindung mit dem Männchen ungelöst und durchaus fest, was sich ja durch die spiralige und daher besonders feste Verbindung zwischen Penis und Vagina leicht erklärt, was aber bei den bisherigen Beobachtern, die die Form der Geschlechtsorgane nicht kannten, berechtigte Verwunderung erregte. Die Verbindung der beiden Geschlechtstiere in der Kopula kann bis zu 6 Stunden dauern, besonders bei Temperaturen zwischen $+12^0$ bis $+15^0$ C, liegt die Temperatur bei $+20^0$ C, dauert die Kopula regelmäßig nicht länger als 1 Stunde.

Stört man das in der Kopula befindliche Männchen, indem man es mit einer Pinzette vom Weibchen abhebt, so kann es nicht sofort seinen Penis herausziehen, sondern hängt noch am Weibchen. Es dauert bis zu 30 Sekunden, bis der Penis herausgezogen und sofort wieder spiralig in die Grube des 9. Segments aufgerollt wird. Wird die Kopula normal und freiwillig vom Männchen beendet, so bemerkt man vom Penisherausziehen und Aufrollen nichts. Man beobachtet nur, daß das männliche Hinterleibsende vom weiblichen abgehoben wird, und das männliche Tier wieder auf den Rücken des weiblichen nach vorn kriecht und seine Ausgangsstellung wie nach Beendigung des Liebesspiels einnimmt. Stets folgt bei beiden Geschlechtern nach Beendigung der Kopula ein ausgiebiges Putzen der Hinterleibsenden.

Über das Verhalten der Geschlechtstiere nach der Begattung ist zu sagen, daß das Männchen tagelang auf seinem Weibchen sitzen bleiben kann. Es kann dann am nächsten und den folgenden Tagen mit dem gleichen Weibchen die Begattung wiederholen. Mehr als eine Kopula am Tage wurde aber bei keinem Männchen beobachtet. Wohl aber ließen sich Weibchen zweimal am Tage von verschiedenen Männchen begatten. Denn es kommt auch vor, daß nach der Begattung das Männchen nicht auf dem Rücken seines Weibchens bleibt, sondern herunterklettert, meistens um Nahrung zu saugen. Danach sucht es später ein anderes Weibchen, welches ihm gerade in seinem Lauf begegnet.

Im Jahreszyklus kann man im Freiland die Kopula bereits vereinzelt im April, sehr häufig im Mai, Juni und Juli, weniger häufig im August und selten im September beobachten. Im Oktober bis März sah ich im Freiland niemals die Rübenwanze in Begattung. Wenn eine zweite Generation im Jahre auftritt, so kopulieren die Jungwanzen eifrig im Juli, hören aber Mitte August mit der Begattung auf, um erst im nächsten April und Mai wieder mit der Kopula zu beginnen. Tritt keine zweite Generation auf, so kopulieren die Jungwanzen nur selten im Juli und August. Daß die Kopula aber durchaus abhängig von der Nahrungsaufnahme und Temperatur ist, beweist der Erweckungsversuch an Rübenwanzen, die aus den Winterquartieren Ende Januar entnommen wurden: Sie wurden bei durchschnittlich $+20^0$ C und reichlichem Futter,

das sie gern annahmen, gehalten und kopulierten das erstemal Mitte
Februar, 24 Tage nach der Entnahme aus dem Winterquartier.

Im Zusammenhang mit der Begattung sei über das Zirpen der männlichen Rübenwanze berichtet. Wie im morphologischen Abschnitt (vgl.
Abschn. IV, a) gezeigt wurde, finden sich die Schrilleisten auf der Unterseite der Hinterflügel und die Chitinhöcker auf der Rückenseite der ersten
Hinterleibssegmente nur bei den Männchen in guter Ausbildung. Es war
aus diesem Vorhandensein bei nur einem Geschlecht zu schließen, daß
diese Organe bei der Begattung eine Rolle zu spielen haben. Über das
Zirpen selbst folge ich der Darstellung SCHNEIDERS: ,,Die Lautäußerung
erfolgt in einer verhältnismäßig hohen Tonlage. Die Stärke des Tones
ist gering und für das menschliche Ohr nur in kürzerer Entfernung wahr-
nehmbar. Nach meinen Feststellungen zirpen lediglich die Männchen.
Die Tonabgabe wird mehrmals in schneller Folge wiederholt, etwa wie
sit sit sit sit sit und erfolgt insbesondere bei Paarungsversuchen, die durch
ein neu hinzukommendes Männchen gestört werden. Naturgemäß läßt
sich das schrillende Geräusch onomatopoetisch höchstens in ganz grober
Annäherung wiedergeben. Das zirpende Männchen bewegt das leicht
nach unten gebogene Abdomen in schnellem Rhythmus nach oben und
unten.'' Nach diesen Beobachtungen ist also das Zirpen als eine Lautäußerung des begattenden Männchens aufzufassen. Ich selbst habe das
Zirpen nur ein einziges Mal bei warmem sonnigen Wetter im Juli auf
freiem Felde in der Dessauer Gegend gehört. Es wurde von einem Männchen ausgeführt, das auf einem Weibchen saß und von einem anderen
hinzulaufenden Männchen mit den Vorderfüßen berührt wurde. Nähere
Beobachtungen konnte ich nicht machen, da das sehr schwache, wenige
Sekunden dauernde Geräusch sich in 1 Minute mit langen Pausen nur
sechsmal wiederholte und dann verstummte. Nach einer weiteren Minute
lief allerdings das neu hinzugekommene Männchen auch wieder weg.

Verhalten bei der Eiablage. Nach der Kopula vergehen nach unseren Zuchtbeobachtungen mindestens 3, gewöhnlich aber 5 bis 6 Tage,
bis das Weibchen die ersten befruchteten Eier ablegt. Das deckt sich
mit den Freilandbeobachtungen, daß die ersten Eier Anfang Mai auf
den Rübenpflänzchen zu finden sind. Im Freiland findet sich Eiablage
dann während des ganzen Sommers bis Mitte August. In den Zuchten
legen die Weibchen aber noch länger Eier ab, nämlich bis Mitte September. Auch bei der Eiablage zeigt sich große Abhängigkeit von der
Temperatur: Rübenwanzen, die am 19. März aus den Winterquartieren
entnommen wurden und bei reichlichem Futter und einer Durchschnitts-
temperatur von $+20^0$ C gehalten wurden, legten die ersten befruchteten
Eier am 18. April, also genau nach 30 Tagen. Die erste Kopula war hier
am 12. April beobachtet worden. Die Eiablage, genau wie die Begattung, kann also durch erhöhte Temperaturen zeitlich vorverlegt werden.

Wenn ein Weibchen Eier ablegen will, so sucht es im Freiland regelmäßig ein Rübenpflänzchen oder ein Rübenblatt auf. Die Wanze legt hier nur an frischen lebenden Pflanzenteilen ihre Eier ab, niemals an faulenden oder verwelkten. Ebenso meidet sie zur Eiablage trockene Halme, Gras, Genist oder ähnliches. Als ausschließlicher Eiablageplatz im Freiland und im Schadgebiet ist also die Rübenpflanze zu bezeichnen, im Wohngebiet von *Piesma quadrata* kommen noch verschiedene Chenopodiaceen dazu. Allerdings findet sich im Freiland dann und wann auch die in den Laborzuchten sehr häufige Erscheinung, daß Eier an Artgenossen, besonders auf die Rückenseite der Vorderbrust und der Flügel abgelegt sind. An den Rübenpflanzen werden zur Eiablage die Unterseite der Blätter (Keim- oder Laubblätter), die Blattstiele und das Hypokotyl des Keimlings bevorzugt. Je mehr man die Eiablageorte beobachtet, um so mehr verstärkt sich der Eindruck, daß die Wanze zum Eianheften Kanten, Rillen und Ecken und ähnliches vorzieht. Daher werden die Eier besonders gern an die auf der Unterseite deutlich vorspringenden Blattadern, in die von diesen mit der Blattfläche, untereinander und mit dem Blattstiel gebildeten Kanten und Ecken und schließlich in die Rillen älterer Blattstiele angeklebt. Auf der Oberseite der Rübenblätter und am Rübenkörper findet man fast niemals abgelegte Eier. In den Zuchten des Laboratoriums werden die Eier wahllos am Futter, auf den Fließpapierunterlagen, an der Verschlußwatte und -korken und auf den Rückenseiten der eigenen Artgenossen, aber fast niemals an den Glaswandungen abgesetzt.

Besondere Vorbereitungen zur Eiablage trifft die Rübenwanze nicht. Sie putzt höchstens mit den Hinterbeinen das Hinterleibsende und stellt sich mit ihrem Körper in gleicher und paralleler Richtung wie die Kante oder Rille des Blattstieles oder der Blattader auf, d. h. bei schräg aufwärts stehenden Blattstielen z. B. mit dem Kopf von der Erde abgewandt. Dann kann die Eiablage beginnen. Die Wanze streckt das letzte Hinterleibssegment etwas weiter heraus und berührt damit, indem sich die paarigen Bauchplatten des 7. Segments (Abb. 13) weit öffnen und die Gonapophysen hervortreten lassen, die Unterlage, also z. B. den Blattstiel. Dabei wird das Hinterleibsende ein wenig von hinten nach vorn geführt, es „wischt" über die zukünftige Anheftungsstelle hinweg. Ob dabei eine klebende Flüssigkeit ausgeschieden wird, kann ich nicht sicher entscheiden. Mehrmals hatte ich den Eindruck, als ob die so berührte Fläche stärker glänze. Danach treten die Gonapophysen noch stärker hervor und berühren mit ihren distalen Enden die zukünftige Eianheftungsstelle. Es spreizen sich jetzt das Paar der kranialen und das Paar der mittleren Apophysen gemeinsam von den kaudalen ab (Abb. 14). Jetzt erscheint das hintere (kaudale) Ende des Eies zuerst in dieser so von den Apophysen gebildeten Rinne. Das Ei tritt also mit dem kaudalen Pol zuerst aus, wie ja auch die Lage der Eier im Ovar für diese Richtung spricht, womit sich erneut das von HALLEZ aufgestellte Gesetz der gleichen Kopfrichtung von Ei und Muttertier bestätigt. Das Ei wird jetzt geführt von der Rinne zwischen den kaudalen Gonapophysen und den Spitzen der beiden Paare der mittleren und kranialen Apophysen. Das Austreten des Eies geht ruckweise vor sich derart, daß das Ei in einer ständig langsamen gleitenden Bewegung sich befindet, aber während dieser Bewegung einzelne vorwärts treibende Stöße erleidet. Meistens ist mit zwei Rucken das Ei völlig aus den Apophysen ausgetreten. Da nun diese, wie vorher gesagt, auf der vorher „abgewischten" Stelle des Blattstieles oder einer anderen Unterlage aufsitzen, legt sich das schräg nach hinten hinausgleitende Ei mit einer Längsseite, und zwar fast regelmäßig der Rückenseite, parallel auf die Anheftungsstelle an und klebt hier fest. Die Gonapophysen bleiben mit ihren Spitzen noch über dem abgelegten Ei stehen und scheinen es an die Unterlage anzudrücken. Nach einem Verweilen von ungefähr 15 Sekunden ziehen sie sich dann zurück, schlagen sich halb ein und geben so das Ei frei. Anschließend kann das Wanzenweibchen nun an der Eiablagestelle sitzen bleiben oder es geht einige Schritte vorwärts, meistens aber putzt es sich das Hinterleibsende mit den Hinterbeinen. Bemerkt sei hier allgemein, daß die Einzelheiten des Eierlegens recht schwierig zu beobachten sind und scheinbar auch von keinem der früheren Bearbeiter der Rübenwanze erkannt wurden. Besondere Bewegungen am Körper der Wanze während des Eiausstoßens waren nie zu beobachten.

Ich vermochte nicht genau festzustellen, ob mit dem Ei eine Flüssigkeit austritt, die das Ei sofort anklebt. Die Eier erscheinen beim Austritt immer feucht, und scheinbar genügt diese Feuchtigkeit, um auf der vorher berührten Stelle der Unterlage, die vielleicht auch schon mit einem Klebestoff dünn überstrichen ist, das Ei mit leichtem Druck anzukitten. Entschieden trocknet diese feuchte Klebesubstanz sehr schnell ab, denn wenn man das Ei gleich nach der Ablage von seiner Unterlage abheben will, so gelingt es ebenso schwer wie bei mehrere Tage alten Eiern. An den abgesetzten Eiern und der Unterlage ist niemals irgendeine Klebe- oder Kittsubstanz, etwa wie bei Bettwanzeneiern, zu finden und wenn man Eier von der Unterlage ablöst, so erkennt man, daß sie ganz verschiedenartig angeklebt sind, bald mit der ganzen Rückenseite oder nur mit deren kaudalem Teil, oder nur mit einigen einzelnen Punkten. Auf Fließpapier ist das Ei z. B. manchmal nur an einer Faser angeklebt. Der Klebestoff ist in Wasser und Alkohol nicht löslich, da sich die Eier mit diesen Stoffen nicht abwaschen ließen.

Die Dauer einer Eiablage ist recht kurz: vom Ausstrecken des Hinterleibsendes bis zum Absetzen des Eies und der Gonapophysen vergehen gewöhnlich nur 2 bis 3, längstens aber 5 Minuten. Es können infolgedessen an einem Tage mehr als ein Ei abgelegt werden. Da die Wanzen sich nicht weit von der ersten Ablagestelle fortbewegen, so finden sich häufig mehrere Eier dicht nebeneinander, wo sie allerdings ganz unregelmäßig und ohne Ordnung abgesetzt sind. Ebenso kommt es auch vor, daß Eier aneinander und übereinander geklebt werden. Die größte Anzahl Eier, die an einem Tage von einem Weibchen abgelegt worden sind, betrug 6. Gewöhnlich werden aber je Tag 2 bis 3 Eier abgesetzt. Die Rübenwanze legt aber in ihrer Eiablagezeit von Anfang Mai bis Mitte August nicht täglich Eier ab, sondern diese erscheinen schubweise, unterbrochen von wenigen Tagen, an denen kein Ei abgesetzt wird. Ext (17) hat hierüber eine Tabelle veröffentlicht; ich konnte ergänzend und in ähnlicher Weise feststellen, daß Rübenwanzen, die im vorhergehenden Herbst noch keine Eier abgesetzt hatten, im Mai und Juni je 3 Eischübe von je ungefähr 7 bis 8 Tagen Legezeit, 2 bis 3 Tagen Legepause und je 16 bis 20 Eiern, im Juli 2 Eischübe von je ungefähr 10 Tagen Legedauer, 5 bis 6 Tagen Legepause und je 12 bis 16 Eiern, schließlich bis Mitte August noch einen Eischub mit eingestreuten unregelmäßigen Legepausen und einer Eizahl von 12 Eiern zeigten. Als Gesamteizahl dieser Wanzen errechnet sich also 150 bis 160 Eier je Weibchen und Jahr. Diese gleiche Zahl wurde ermittelt, indem in allen Zuchten der Jahre 1927 und 1928 die sämtlichen abgelegten Eier durch die Anzahl der Weibchen und der Eiablagetage dividiert und dieser Quotient wieder mit der Gesamtlegezeit multipliziert wurde. Ext (17) hatte die Gesamtzahl auf 100 geschätzt, Dyckerhoff (10) fand 126 bis 164, im Mittel 145 und unter Hinzuziehung etwaiger, im vorvergangenen Herbst gelegter 150 bis 160. Mit dem letzteren Beobachter haben also meine Ergebnisse gute Übereinstimmung.

Die abgelegten Eier sind in freier Natur fast alle entwicklungsfähig, nur diejenigen, in denen der Embryo umgekehrt liegt (vgl. Abschn. V, b), können auch in freier Natur nicht schlüpfen. Ich konnte niemals Eier finden, die vertrockneten oder infolge von Verletzungen schrumpften, wie es in den Laborzuchten ungefähr bei 30% der Eier der Fall war, was sich aber zwangsläufig infolge der Handhabung im Laboratorium ergab. Es ist anzunehmen, daß alle in Freiheit abgesetzten Eier von befruchteten Weibchen stammen. Das wird erhärtet durch den folgenden Versuch: Wurden Weibchen sogleich nach dem letzten Larvenschlüpfen isoliert und niemals mit Männchen zusammengebracht, so legten sie im nächsten Frühling und Sommer zunächst keine Eier ab, erst im Juli fingen sie an, einige wenige Eier abzustoßen, ungefähr 8 je Weibchen, und diese Eier waren taub, d. h. es trat in ihnen überhaupt keine Embryonalentwicklung ein, sie vertrockneten. Damit dürfte bewiesen sein, daß jungfräuliche Weibchen keine entwicklungsfähigen Eier ablegen können, und daß alle im Freiland gelegten Wanzeneier befruchtet sind und von begatteten Weibchen stammen.

SCHUBERT (*47*) hat Versuche angestellt, die den Einfluß der Wärme auf die Eiproduktion darstellen. Es konnte gefunden werden, daß bis $+6^0$ C keine Eier abgesetzt wurden, dann bis $+20^0$ C ungefähr die obenangegebenen Eimengen abgelegt wurden, wobei „große Feuchtigkeit" die Zahl herunterdrückte, und schließlich bei $+37^0$ C bis $+40^0$ C sich die Eizahl gegenüber $+20^0$ C verdoppelte. Da sich diese Wärmeversuche nur über 10 Tage erstreckten, ist kein Schluß zu ziehen, ob nicht etwa nur eine Beschleunigung in der Eiablage vorliegt und die Gesamtzahl der Eier je Weibchen unbeeinflußt bleibt, oder ob wirklich die Eimenge an sich durch die erhöhte Temperatur gesteigert ist.

Zahlenverhältnis von Männchen zu Weibchen. Dieses zahlenmäßige Verhältnis der Geschlechter sei zum Schluß dieses Abschnittes über die Lebensgeschichte des Vollinsekts betrachtet. Bei Freilandfängen können die kleinen Männchen leichter der Beobachtung und dem Fang entgehen, wenn sie infolge niederer Temperatur stillsitzen. Andererseits können die Weibchen bei warmem Wetter mehr unbeachtet bleiben, da sie sich nicht ganz so lebhaft bewegen wie die Männchen. In den Freilandfängen des Jahres 1927 fanden sich 384 Männchen zu 366 Weibchen und im Jahre 1928 261 Männchen zu 337 Weibchen. Die Laboratoriumszuchten des Jahres 1928 hatten das überraschende, wenn auch zufällige Ergebnis von gleicher Anzahl von Männchen zu Weibchen (291 : 291). Ich glaube also, daß sich Männchen und Weibchen der Rübenwanze in ungefähr gleichem Zahlenverhältnis vorfinden.

b) Lebensgeschichte des Eies.

Die abgelegten und an die Pflanzenteile der Nährpflanze angeklebten Eier sind mit ihrem kranialen Ende regelmäßig erdabwendig angeheftet, was sich aus der geschilderten Art der Eiablage erklärt. Während der ersten Tage nach der Ablage kann man die Eihaut leicht eindrücken. Die Eihaut selbst ist „dünn und weichhäutig" (EXT, *17*), und deshalb gelingt es meistens nicht, Wanzeneier von ihrer Unterlage unverletzt abzulösen. „Das besagt aber nichts über ihre Widerstandsfähigkeit gegen Druck" (*61*). Ich habe die Druckfestigkeit der Eier der Rübenwanze in Versuchsreihen geprüft (*61*) und stellte fest, daß „frisch abgelegte Eier viel druckfester sind als 10 Tage alte und ungefähr den 20 fachen Druck aushalten gegenüber den älteren Eiern (300 g gegenüber 15 g). Fernerhin zeigte sich die Unterlage von ausschlaggebender Bedeutung: frisch gelegte Wanzeneier widerstanden auf einer Glasplatte 8 g, auf einer rauhen Papierunterlage 300 g und auf weißem Sand und auf Ackererde 2000 g Übergewicht (Durchschnittswerte). Auf dem weißen Sand zersprang bei diesem Gewicht die deckende Glasplatte, aber das Ei blieb auch bei diesem Druck unverletzt". Die so ermittelte hohe Druckfestigkeit läßt also Bekämpfungsmaßnahmen mechanischer Art, wie z. B. Walzen der eierbelegten Rübenpflänzchen ungeeignet erscheinen.

Nach der Eiablage setzt in den Eiern die Embryonalentwicklung ein. Ihre Dauer ist abhängig von der Temperatur. SCHUBERT (*47*) gibt für eine Temperatur von $+20^0$ C eine Eientwicklung von ungefähr 10 Tagen an, EXT (*17*) ermittelte für Zimmertemperatur durchschnittlich $16^1/_2$ Tage, und ich fand aus Beobachtungen an über 3000 Eiern eine Eientwicklung von 17,13 Tagen bei Zimmertemperaturen ($+18^0$ bis $+20^0$ C). Es wurde ferner bei meinen Eibeobachtungen festgestellt, daß die längsten Werte der Embryonalentwicklung, wie 22, 23 und 24 Tage sich stets fanden, wenn die Temperatur im Versuchsraum niedrig war und unter $+16^0$ C lag, die kurzen Zeiten von 12, 13 und 14 Tagen aber bei hohen Temperaturen über $+20^0$ C. Für das Freiland kann man also die Dauer der Eiruhe mit 2 bis 3 Wochen annehmen.

Während der Eiruhe kann man die Entwicklung des Embryos im Ei ziemlich gut verfolgen. Die zunächst weißlichen bis hellgelben Eier haben im Inneren eine körnig-wabige Struktur, die durch die Eihaut durchschimmert. Nach 5 Tagen kann man auf der Rückenseite einen hellen Streifen und an den Seitenteilen einige segmentale Einkerbungen erkennen, während die Bauchseite dunkler gelb gefärbt ist. Nach weiteren 5 Tagen erkennt man auch auf der Bauchseite schräg verlaufende Einkerbungen und eine leichte Abschnürung am Kopfende mit seitlichen Blasen. Im Alter von 12 bis 13 Tagen sieht man auf der Rückenseite die deutlich abgegliederten Körpersegmente, auf der Bauchseite die Abgrenzung von Extremitäten, Fühlern und Rüssel und am Kopf rechts und links die rot durchschimmernden Augen. Zuweilen schimmert auf der Rückenseite auch der rote Magenfleck durch, während die gesamte Eifärbung dunkler gelbbraun ist. In den letzten Tagen vor dem Schlüpfen der jungen Larven arbeiten sich die einzelnen Körperteile in ihrer Form noch vollständig aus. Diese einzelnen Entwicklungsstände des Embryos kann man einmal an mit Xylol aufgehellten Präparaten verfolgen, andererseits genügt es schon, wenn man die Eientwicklung nicht stören will, die Eischale mit Wasser zu benetzen oder die Eier unter Wasser im Mikroskop zu beobachten.

Der ausgewachsene Embryo, der im Innern der Eischale von einer inneren Eihaut oder Embryonalhaut umgeben ist, schlüpft aus dem Ei, indem er mit seinem Kopfende das kraniale Eiende sprengt. Dieses reißt in sechs feinen, zwischen den Atemröhrchen verlaufenden radiären Nähten auf, und nun zwängt sich der Embryo heraus, indem er die 6 Zipfel des zerrissenen kranialen Eipols zur Seite drängt. Dabei kann es vorkommen, daß auch die übrige Eihaut an der Seite an beliebiger Stelle bis zu zwei Drittel einreißt, in der Mehrzahl der Fälle aber bleibt der zylindrische Teil des Eies unversehrt. Bei dem Herauskriechen aus dem

Ei streift der Embryo auch seine innere Eihülle ab, und diese bleibt dann nach außen zu an den aufgeplatzten Deckelteilen des kranialen Poles hängen, da sie mit den Atemröhren fest verwachsen ist. Beim Eischlüpfen vollführt der Embryo von hinten nach vorn verlaufende, schwache, ruck- bis wellenartige Bewegungen, so daß das Kopfende nach vorn gedrängt wird. Das Zerreißen des vorderen Eipoles scheint bei Freilandeiern sehr leicht vonstatten zu gehen, wenigstens sah ich keine besonderen Anstrengungen; dagegen waren bei Eiern, die in den gewöhnlichen Zuchtschalen im Labor ihre Entwicklung durchmachten, häufig die Embryonen nicht imstande, die Schale zu sprengen und starben im Ei. Ich führe das darauf zurück, daß die Eischale infolge der Trockenheit in den Zuchtgefäßen zu zäh wird, und finde diese Annahme bestätigt; denn wurde das Fließpapier am Grunde der Zuchtgefäße immer etwas feucht gehalten, so konnten dann die Embryonen stets leicht aus dem Ei schlüpfen. Durch seine ruckartigen Bewegungen kommt zunächst der Kopf nach außen, dann werden die Fühler herausgestreckt, indem sie aus ihren Embryonalhäuten auf der Bauchseite sich herausziehen. Wenn weiterhin die Brust sich herausschiebt, folgen die Vorder- und bald auch die Mittelbeine. Sobald ein Beinpaar erst herausgestreckt ist, geht das Eischlüpfen schneller vor sich, da jetzt diese Beine den Körper herausziehen, indem sie an der Eischale selbst sich abstemmen oder angelnde Bewegungen ausführen. Ein Anklammern an die Unterlage oder an benachbarte Pflanzenteile kommt sehr selten vor, da die Wanzenlarve ja mit dem Rücken zur Anheftungsunterlage schlüpft. Zuletzt werden die Hinterbeine und der Hinterleib frei, da sie am längsten von der Embryonalhaut umgeben sind. Sie halten den Embryo sozusagen fest und verhindern, daß er vom Blatt oder Blattstiel herunterfällt. Auf diese Weise gelingt es ihm sehr leicht, festen Fuß auf der Eihaut oder dicht daneben auf der Unterlage zu fassen, sich von den letzten Resten der Eihäute zu befreien und als Larve I wenige Schritte davon zu laufen. Bemerkt muß werden, daß in den Laborzuchten ein großer Teil der Embryonen wohl den vorderen Eipol zerreißen und bis zur Hälfte schlüpfen konnte, dann aber stecken blieb und einging. Auch hier war die Trockenheit und damit die Zähigkeit der Eihaut schuld, da in den „nassen" Zuchten die Erscheinung nicht auftrat. Ebenso wurde das „halbe" Eischlüpfen auch im Freiland nicht beobachtet.

Die Dauer des Eischlüpfens schwankte von $^1/_2$ bis zu 6 Stunden; als die normale Dauer bei einer Temperatur von $+18^0$ C bis $+20^0$ C halte ich 1 Stunde. SCHUBERT (17) gibt 15 Minuten an.

Außer den durch Trockenheit verursachten Schlüpfhemmungen ist noch eine auch im Freiland zu beobachtende physiologische Störung zu beachten, die auch schon EXT (17) beobachtete: „Des öfteren liegt der Embryo ,verkehrt' in der Eihülle, d. h. das hintere Körperende liegt vor dem Ausschlüpfende des Eies. Derartige Steißlage muß als anormal und krankhaft angesehen werden; die Embryonen verkümmern, da sie nicht schlüpfen können." Ich habe die gleiche Beobachtung gemacht und in den Zuchten ungefähr eine inverse Lage auf 200 normale Lagen gefunden, ohne daß ich eine genaue Erklärung geben kann. Ich glaube, daß es sich um Störungen auf frühem Stadium im Eierstock handelt, und daß so die Eianlage invers in die in der letzten Eikammer des Ovars normal gebildete Eischale hineingelangt.

Die verlassenen Eihüllen, die im auffallenden Licht hellbräunlich bis violett schimmern und am vorderen Eipol die weißliche verschrumpelte Embryonalhaut tragen, sind bis zum Herbst an den Rübenblättern zu finden, sie verschwinden erst, wenn die nun alt gewordenen Blätter auf den Erdboden sinken und abwelken.

c) Lebensgeschichte der Larven.

Der aus dem Ei geschlüpfte Embryo läuft als erstes Larvenstadium (Larve I) wenige Schritte von seiner verlassenen Eihülle fort, putzt sich verschiedentlich, besonders die Fühler und die Rüsselspitze, und sucht nach Nahrung. 10 Minuten war die kürzeste beobachtete Zeitspanne nach dem Eischlüpfen, nach welcher die Larve I saugend angetroffen wurde. In freier Natur stechen die jungen Larven I mit großer Regelmäßigkeit das Blattparenchym an, weniger gern die Blattadern. Es scheint also so, als ob diese mechanisch oder chemisch-geschmacklich den jungen Larven I nicht zusagen. Der Einstich und das Saugen zeigt bei Larve I, wie auch bei allen übrigen Larvenständen, keine Besonderheiten und Unterschiede gegenüber dem Verhalten der Vollinsekten. Nur kann der Rüssel infolge seiner geringeren Länge bei den Larven (Abb. 20 bis 24) nicht so tief eingeführt werden, wie bei den Vollinsekten. Ebenfalls keine Besonderheiten finden sich bei den Bewegungs- und Ruhezuständen, nur mit der Einschränkung, daß sämtliche Larvenstände sich nicht leicht von der Pflanze fallen lassen (vgl. Abschn. V, a, 2), sondern auch bei Anrühren an der Pflanze sitzen bleiben und hier nur durch Bewegungslosigkeit dem Verfolger sich zu entziehen suchen. Das Fallenlassen auf den Boden würde ja auch die gelb bis grün gefärbten Larven (vgl. Abschn. IV, c) leichter verraten, als ihr Stillsitzen auf der grünen Blattfläche.

In freier Natur hat die Nahrungssuche für die junggeschlüpften Wanzenlarven keine Schwierigkeit, da sie ja auf der Pflanze selbst schlüpfen. Um festzustellen, wie weit junge, eben aus dem Ei geschlüpfte Larven I wandern können, um zum Futter zu gelangen, wurde eine größere Reihe von Versuchen angestellt. Diese Frage hat große praktische Bedeutung für die Bekämpfung der Rübenblattwanze, da man die eierbelegten Pflanzen der Fangstreifen unterpflügen oder ausreißen und auf Haufen zusammenwerfen kann. Können nun die aus solchen Eiern schlüpfenden Larven I die Erdschichten durchwandern, bzw. auf der Erde entlang wandern, um zu den Rübenpflänzchen des eigentlichen Rübenschlages zu gelangen? Es handelt sich also um die Frage des vertikalen Durchwanderns durch Erdschichten und um die Frage des horizontalen Wanderns auf der Erdoberfläche. Es fand sich, daß Wanzeneier, die in der Erde in Tiefen von 15, 10, 8 und 5 cm lagen, zu ungefähr 33% schlüpften, daß aber niemals die jungen Larven sich durch bedeckende Erdschichten hindurcharbeiten konnten (*61*). Für das horizontale Wandern wurde festgestellt, daß die Larven I nach dem Eischlüpfen bis zu 50 cm weit wandern können und dann zum erstenmal saugen. Es zeigte sich bei diesen Versuchen aber noch etwas anderes, nämlich daß die Wanzenlarven scheinbar nicht durch irgendwelche Reize von seiten des Futters geleitet werden. Larven I wanderten z. B. in einer Entfernung von $1/2$ cm an Futterblättern vorüber, um erst in 15 cm Abstand wieder auf ein Rübenblättchen zufällig zu stoßen. So kam es, daß auch bei diesen Nahrungssuchexperimenten sehr viele Larven I verhungerten, weil sie eben kein Futter fanden, obwohl dieses in verschiedensten Entfernungen zu finden war. Die frisch geschlüpften Larven I konnten 48 Stunden hungern, ehe sie starben.

Der beliebteste Aufenthaltsort aller Larvenstände ist die Unterseite der Blätter. Diese ist dann, wenn die meisten Rüben auch zu kräuseln beginnen (vgl. Abschn. VI, b), auch ein idealer Wohnplatz, der vor allem Schutz gegen Regen bietet. Junge Larven, die von Regengüssen auf den Erdboden geschlemmt werden, sind fast stets dem Tode durch Verschlemmen und Ertrinken verfallen. Außer auf der Unterseite der Blätter sitzen die Larven auch noch an den Blattstielen und im Herzen der Rübenpflanze. Die ältesten Larven (IV und V) wandern auch von einer Rübe zu einer benachbarten, aber junge Larvenstände habe ich nie von Pflanze zu Pflanze wandern sehen, sie blieben an ihrer Geburtspflanze, es sei denn, daß diese einging; dann allerdings suchten auch sie eine andere Nahrungsquelle auf, genau wie in den Zuchten die Larven auch stets frisches Futter dem welken vorzogen.

Wie schon bei der Morphologie der Larven mitgeteilt wurde, sind fünf Larvenstände zu unterscheiden. Über die Entwicklungsdauer dieser einzelnen Stadien gehen die bisherigen Angaben recht weit auseinander, sie müssen als ungenau bezeichnet werden, da früher im allgemeinen immer nur vier Larvenstände angenommen wurden. Wert hat nur die Angabe im Nachtrag von Ext (*17*), daß bei $+28°$ C bis $+32°$ C die Entwicklungszeiten aller Larven sehr kurz sind und von 3,25 bis 4,41 Tagen schwanken. Um die Werte der Larvenentwicklung genauer zu finden, sind in unseren Zuchten 1927 und 1926 genaue Zeitmessungen ausgeführt worden. Es ergab sich aus ungefähr

6000 Einzelmessungen bei der Temperatur von $+18^0$ bis $+20^0$ C folgende Tabelle 4.

Tabelle 4.

	Entwicklungszeit in Tagen		
	mittlere	längste	kürzeste
Ei	17,13	24	12
Larve I	10,12	15	6
Larve II	7,29	11	4
Larve III	7,57	11	4
Larve IV	7,69	10	5
Larve V	7,56	14	4
Summe der Larven-Entwicklung	40,23	61	23
Summe der Entwicklung vom abgelegten Ei bis zur Imago	57,36	85	35

Eine Erläuterung dieser Werte der Entwicklungsdauer erscheint unnötig. Wie bei der Eientwicklung, so hat auch bei der Larvenentwicklung die Temperatur einen bedeutenden Einfluß auf die Dauer der einzelnen Stadien. Es kommt aber hier bei den Larven noch ein anderer Punkt hinzu, es ist die Nahrungsaufnahme. Diese ist nicht einseitig abhängig von der gebotenen Nahrung, sondern scheinbar auch durchaus von der „Stimmung" des Tieres. Es konnte sehr häufig beobachtet werden, daß einzelne Larven trotz guten Futters tagelang nur ganz wenig saugten und dadurch in der Entwicklung zurückblieben, während gleichaltrige Tiere am gleichen Futter kräftig sogen und dann zur nächsten Häutung schritten. Auf diese Weise spalten sich die Nachkommen aus gleichaltrigen Eigelegen meistens schon nach der zweiten Larvenhäutung auf. Zu bemerken ist, daß die in den Laborzuchten gewonnenen Zeitwerte sehr gut mit den Freilandbeobachtungen übereinstimmen: denn die ersten Eier finden sich Anfang Mai, die ersten Larven I Mitte bis Ende Mai und die ersten frisch gehäuteten Imagines Anfang Juli. Infolge der Verzögerung, die manche Larven in ihrer Entwicklung erleiden, finden sich dann ebenfalls in freier Natur die Tiere eines gleichaltrigen Eigeleges in verschiedenen Larvenstadien vor. Da aber die Eier schubweise von Mai bis Mitte August abgelegt werden, so finden sich ebenfalls Larven in allen Entwicklungsständen von Mitte Mai bis zum Anfang Oktober. Larven, die bis zu diesem letzteren Zeitpunkt noch nicht zur Imago durchgehäutet sind, gehen, wie schon gesagt wurde (vgl. Abschn. V, a, 1), ein, auch wenn sie in die Winterquartiere abgewandert sind.

Über die Häutungen der Wanzenlarven ist nichts besonderes zu bemerken. Wie bei den meisten hemimetabolen Insekten reißt die Rückenhaut im ersten und zweiten, zuweilen auch im dritten Thoraxsegment in der Mittellinie auf. Zuerst wird der Kopf nach oben und vorn herausgehoben, dann folgt die Brust mit den Beinen, die sich einzeln aus den alten weit ausgestreckten Hüllen herausarbeiten. Sie stemmen sich auf und ziehen dann den Hinterleib völlig heraus. Die verlassenen, violett schimmernden Larvenhäute sind nur lose an ihre Unterlage angeklammert. Ein kräftiger Windstoß fegt sie in freier Natur von den Pflanzen fort. Selbstverständlich finden die Häutungen, ebenso wie alle anderen Lebensvorgänge der Larven, auf der Unterseite der Blätter oder auf den Blattstielen, also auf der Nährpflanze statt. Häufig kommt es in den Laborzuchten vor, daß Larven beim Schlüpfen steckenbleiben und eingehen. Zuweilen bleibt die verlassene Larvenhaut am Hinterleibsende oder an einem Beine hängen und kann nicht abgestreift werden. Solche Wanzen fanden sich auch vereinzelt in freier Natur. Sie können am Leben bleiben und stoßen dann dieses Anhängsel mit der nächsten Larvenhäutung erst ab. Stets konnte beobachtet werden, daß ungefähr 24 Stunden vor den Häutungen die betreffenden Larven mit Fressen aufhörten, und daß sie auch erst wieder einige Stunden (6 bis 12) nach der Häutung zu saugen begannen. Die Dauer einer normalen Larvenhäutung schwankt zwischen $1/_2$ bis 3 Stunden.

Von besonderer Wichtigkeit ist die letzte Larvenhäutung, die Häutung zum Vollinsekt, da sie einmal die Ausbildung der hinteren dorsalen Thoraxausbuchtungen in flugfähige Flügel und dann die Umfärbung der grünen Larvenfarbe in die schwarzgraue Imagofarbe mit sich bringt. Das in der üblichen Weise geschlüpfte Vollinsekt ist hellweißlich und infolge des durch die Flügel hindurchschimmernden Hinterleibes grünlich. Die beiden Flügelpaare sind unmittelbar nach dem Schlüpfen gefältelt und schrumpelig, nach 2 Stunden sind sie glatt ausgestreckt und erhärtet. Nach 24 Stunden hat sich die Mittellinie auf der Unterseite des Hinterleibes schwärzlich gefärbt, die Oberseite der Jungwanze ist graugrünlich bis weißlich. 2 Tage nach dem Schlüpfen schimmern die später schwarzen Fleckenbezirke auf allen Körperteilen dunkel durch. 3 Tage nach dem Schlüpfen ist der Thorax mehr rotbraun, Beine und Fühler gelbbraun, und nach weiteren 2 Tagen ist die Oberseite des Tieres fast ganz normal ausgefärbt. Die Unterseite dagegen ist noch grün, sie erreicht ihre eigentliche Zeichnung mit dunklen und helleren Flecken erst am 8. bis 9. Tage nach dem Schlüpfen. Zur völligen Ausfärbung benötigt die Rübenwanze demnach 8 bis 9 Tage.

Es tritt also bei der letzten Häutung ein durchgreifender Farbwechsel von Grün zu Schwarzbraun ein. Dieser Farbenumschlag scheint biologisch begründet zu sein, denn die grünen Larven genießen eben durch ihre grüne Farbe an den Rübenpflanzen eine außerordentlich gute Tarnung, wohingegen den erwachsenen Wanzen die graue oder dunkle Farbe beim Umherkriechen auf dem Erdboden und beim Aufsuchen und Aufenthalt in den Winterquartieren den denkbar besten Schutz verleiht (vgl. Abb. 28).

Betrachten wir zum Schluß dieses Abschnittes noch kurz das Leben der Jungwanzen, die also bis Mitte Juli ausgefärbt sind. Diese können auf den Rübenfeldern saugen, ohne zu kopulieren und Eier abzulegen, und wandern dann vom August an in die Winterquartiere ab. Sie können aber auch im gleichen Sommer noch kopulieren und Eier absetzen (vgl. Abschn. V, d), so daß wir Ende Juli bis Mitte August Eier von diesen Jungwanzen finden. Diese Eier entwickeln sich in der gleichen Weise und ergeben teilweise noch bis zum Septemberende Imagines, die dann gleichfalls die Winterverstecke aufsuchen. Die Rübenblattwanze kann also zwei Generationen im Jahre durchlaufen oder gewöhnlich nur eine. Durch welche Bedingungen diese wechselnde Generationszahl im Jahre beeinflußt wird, soll der folgende Abschnitt zeigen.

d) Abhängigkeit von äußeren Faktoren.

Wie bereits aus der Schilderung der Biologie des Vollinsektes und der übrigen Entwicklungsstände hervorging, besteht eine enge Abhängigkeit der Lebensvorgänge von den Umweltfaktoren. Ich erinnere nur an die bei Nahrungsmangel eintretende Hungerstarre. Wenn man den Wanzen bei $+22^0$ C in meinen Versuchen im Sommer nicht nach 3 Tagen Futter vorsetzte, ging der Starrezustand in Tod über; SCHUBERT (47) dagegen hat Wanzen „eine nahrungslose Zeit bis zu 3 Wochen überstehen" sehen. In freier Natur dürfte Nahrungsmangel für die Rübenwanze kaum in Betracht kommen, da sie ja, wie wir im Abschn. II sahen, recht polyphag sein kann.

Andere Umweltfaktoren dagegen greifen tiefer in das Leben der *Piesma* ein. An erster Stelle wäre hier die Witterung in den einzelnen Jahren zu nennen. SCHUBERT (47) hat sich mit dieser Frage der Epidemiologie eingehend befaßt und dabei die Temperaturen und Niederschläge der Jahre 1910, 1916 und 1917 von Schlesien herangezogen. Wenn auch selbstverständlich nicht nur die Temperatur und die Niederschlagsmenge für die Gradation eines Schädlings maßgeblich sind, so erlauben doch immerhin diese Angaben einen gewissen Einblick in die Witterungsbeeinflussung. SCHUBERT hat nun allerdings nicht so sehr den Einfluß der Witterung auf die Wanze selbst im Auge, sondern mehr den Einfluß auf die Krankheit der Rüben. Für das Zustandekommen des Krankheitsbildes aber sind eine große Reihe anderer Umstände heranzuziehen, wie ich früher bereits gezeigt habe (61), und wie wir im Abschn. VI noch näher sehen werden.

Für die Rübenwanze selbst sind niedere oder höhere Wintertemperaturen und Winterniederschläge nach meinen Beobachtungen der Tiere in den Winterverstecken scheinbar ohne jede Bedeutung. Denn auch nach dem in einzelnen Abschnitten recht kalten Winter 1927/28 fanden sich nicht mehr tote Wanzen in den Winterverstecken als sonst, und die Menge der im Frühjahr auf die Felder abwandernden Wanzen war nicht geringer. Wohl aber sind die Witterungsverhältnisse vom März bis Juni sehr wichtig, da sie einmal das Auflaufen der Rübensaat beschleunigen oder verlangsamen und damit Nahrung für die Wanzen bringen, dann das Abwandern aus den Winterverstecken lenken und schließlich die Eiablage beschleunigen oder verlangsamen. Die Witterung des Sommers hat Einfluß auf die Geschwindigkeit der Larvenentwicklung und damit auf das Auftreten einer zweiten Generation im Jahre. Schließlich gibt das Herbstwetter den Anstoß zum Aufsuchen der Winterverstecke. Vergleicht man unter diesen Gesichtspunkten und mit der erlaubten Voraussetzung, dass starkes Auftreten der Kräuselkrankheit Hand in Hand geht mit einer größeren Anzahl Wanzen, so würde sich folgendes Bild über die SCHUBERTschen Berechnungen und Beobachtungen ergeben: die Jahre 1910 und 1916 waren sehr wanzenreich, das Jahr 1917 war wanzenarm. Die ersteren Jahre wären deshalb für die Wanzen sehr günstig gewesen, weil der März und der April beider Jahre hohe Temperaturen und geringe Niederschläge brachte. So fanden also bereits die frühzeitig abwandernden Wanzen Nahrung und konnten bald zur Eiablage schreiten. Andererseits war im Jahre 1917 das Wetter im März sehr kalt und regnerisch und auch im April noch kälter als normal und sehr naß; die Wanzen konnten also erst im April abwandern, sie fanden nur geringe Nahrung und konnten entsprechend spät erst mit der Eiablage beginnen. Leider sind die Witterungstabellen der Monate nach Mai von SCHUBERT nicht gegeben, so daß weitere Witterungseinflüsse nicht feststellbar sind. Wenn ich aber meine eigenen Untersuchungen und Beobachtungen der Jahre 1927 und 1928 zu den Wetterberichten des Flugplatzes Alten bei Dessau, der mitten im Rübenwanzengebiet liegt, in Beziehung setze (Tabelle 5), so läßt sich folgendes feststellen, was die Beobachtungen SCHUBERTS (s. oben) richtig stellt und ergänzt: die hohe Temperatur im März hatte 1927 keinen größeren Einfluß auf die Biologie der Wanze, als die niederen Temperaturen des Jahres 1928. Wohl aber waren die in beiden Jahren hohen Apriltemperaturen für das Abwandern und Auffinden der ersten Nahrung sehr günstig, wobei sich 1928 infolge der geringeren Niederschläge viel vorteilhafter gestaltete als das Vorjahr. Der Mai zeigte ebenfalls in beiden Jahren eine hohe Temperatur, aber wieder war 1928 trockener. Die Eiablage und die erste Larvenentwicklung konnten also viel schneller und ungestörter 1928 ablaufen als 1927. Das gleiche gilt vom Juni, der besonders wegen seiner Trockenheit und hohen Temperatur im letzten Drittel 1928 zum schnelleren Durchhäuten sämtlicher Larvenstände beitrug. Der Juli war 1928 erheblich wärmer als 1927 und beförderte so die Reife der frisch geschlüpften Vollwanzen, so daß diese in großer Zahl 1928 zur Kopula und zur Eiablage schritten, während dies 1927 nicht beobachtet werden konnte. Die Augusttemperaturen

5*

 Biologie.

Tabelle 5.

		Temperaturen °C		Niederschläge mm	
		1927	1928	1927	1928
März	1. Drittel	7,9	2,7		
	2. „	5,0	−0,1	27,1	33,4
	3. „	8,7	6,3		
April	1. „	7,0	7,6		
	2. „	8,3	4,7	90,9	55,0
	3. „	8,9	11,7		
Mai	1. „	13,0	12,1		
	2. „	8,5	8,4	38,2	26,2
	3. „	10,7	11,9		
Juni	1. „	14,4	14,1		
	2. „	14,6	13,3	88,8	20,2
	3. „	14,1	16,5		
Juli	1. „	19,1	16,4		
	2. „	17,9	21,0	72,8	57,0
	3. „	18,5	19,0		
August	1. „	20,2	16,3		
	2. „	17,4	17,5	111,0	26,7
	3. „	16,5	18,0		
September	1. „	17,7	16,7		
	2. „	12,8	13,2	32,3	12,9
	3. „	12,8	8,4		

waren in beiden Jahren für die Biologie ausreichend hoch, aber wieder
war es das Jahr 1928, das infolge seiner geringeren Niederschläge gün-
stiger war und so das Durchhäuten der zweiten Larvengeneration ermög-
lichte. Die im Jahre 1928 schließlich kälteren Septembertemperaturen
hatten ein frühzeitigeres Abwandern der Wanzen in die Winterquartiere
zur Folge. Zusammenfassend stelle ich also fest: Die Märztempera-
turen und -niederschläge sind im großen und ganzen be-
deutungslos. In den übrigen Monaten bis August haben
hohe Temperaturen und geringe Niederschlagsmengen einen
günstigen Einfluß auf alle Lebensvorgänge, insbesondere
befördert hohe Temperatur Ende Juni und im Juli die Rei-
fung der frisch geschlüpften Jungwanzen, so daß diese im
gleichen Jahre noch Eier legen und damit eine zweite Generation bilden, was bei geringerer Wärmemenge nicht eintritt. Damit ist also zugleich auch die bisher offene Frage nach dem
Warum der zweiten Generation gelöst. Während also für die Vollwanzen
die Temperaturen von größerer Wichtigkeit sind, ist für die Entwicklung
der Eier und der Larven die Niederschlagsmenge bedeutungsvoll: nur
bei geringeren Niederschlägen können sich diese gut und schnell durch-
entwickeln. Die Folge davon war, daß Ende 1928 die Winterquartiere
ungefähr doppelt so stark besetzt waren als Ende 1927. Damit kann
man weiterhin für das folgende Jahr 1929 die Prognose eines stärkeren
Wanzenbefalles stellen. Es ergibt sich also daraus für die Praxis der

Schluß, daß nach warmen und trockenen Sommern, die die Gradation
der Wanzen befördert haben, mit einem starken Wanzenbefall im folgenden Frühling zu rechnen ist.

Eine weitere mehr theoretische Frage ist die, ob sich die Winterruhe der *Piesma* durch hohe Temperaturen abkürzen oder überhaupt
völlig aufheben läßt. Es gelang im Versuch, Rübenwanzen, die im Januar Freilandüberwinterungsplätzen entnommen waren, bei ständigem
reichlichem Futter und ständiger Zimmertemperatur stets munter zu erhalten. Diese Tiere schritten dann auch viel früher (vgl. Abschn. V, a)
zur Kopula und Eiablage. Ein „Treiben" der Wanzen gelingt also.
Anders dagegen verhält sich der Versuch, die Winterruhe völlig aufzu-
heben. Bei diesen Versuchen haben die Wanzen sich regelmäßig im September und Oktober verkrochen und die gebotene Nahrung abgelehnt.
Erst Ende Dezember und im Januar nahmen sie wieder Futter an und
wurden lebhafter. Es ist also festzustellen, daß die Winterruhe sich wohl
abkürzen, aber nicht aufheben läßt.

Außer den Witterungseinflüssen in Gestalt der Temperaturen und
der Niederschlagsmengen müssen noch kurz die Beeinflussungen durch
die Regengüsse unmittelbar und den Wind erwähnt sein. Starke
Regen können den erwachsenen Wanzen unter günstigen Bodenverhältnissen (vgl. folgenden Absatz) nicht viel schaden, häufig aber sind sie
für die Larven I bis III katastrophal. Diese jungen Larvenstände sind
noch nicht kräftig genug, um sich gegen stark aufschlagende Regen-
tropfen fest genug anzuklammern. Sie werden abgeschwemmt und
können sich dann nicht wieder aus den zusammengeschwemmten Boden-
teilen herausarbeiten. Nach solchen starken Regengüssen habe ich auf
Feldern bei Dessau zahlreiche tote Larven in den Erdzusammenschwem-
mungen auf Rübenfeldern gefunden. Der Wind scheint keinen erheb-
lichen Einfluß auf die Lebensvorgänge auszuüben, höchstens daß bei
starken Stürmen, die ja meistens mit Temperaturstürzen verbunden sind,
alle Lebensvorgänge stark eingeschränkt sind.

Die Gradation und Biologie der Rübenblattwanze ist außer von der
Witterung auch noch abhängig von den Bodenverhältnissen. Es ist
hier aber scharf zu scheiden: die chemische Beschaffenheit, die physikalische Beschaffenheit und der Nährstoffgehalt des Bodens, der mit
der Düngung zusammenhängt und unter den Kulturmethoden besprochen werden soll. Es konnte von mir (*61*), unter Richtigstellung der
Angaben Schuberts (*47*), gezeigt werden, daß das Auftreten der durch
die Wanzen hervorgerufenen Kräuselkrankheit von allen Bodeneinflüssen
unabhängig ist (vgl. auch Abschn. VI, c). Was die Biologie der Wanzen
dagegen anlangt, so hat die chemische Beschaffenheit des Erdbodens
nach meinen Feststellungen ebenfalls keinen Einfluß. Denn die meisten
Felder mit Wanzenbefall in der Dessauer Gegend reagierten sauer (bis

$p_H = 4$), eine geringe Anzahl alkalisch; auch das von Schubert ange-
führte Wanzenfeld reagierte alkalisch. Auf allen diesen Feldern war der
Wanzenbefall gleich groß, eine Beeinflussung von seiten der chemischen
Beschaffenheit, insbesondere des Säuregrades des Bodens, ist also abzu-
lehnen. Daß der Kalkgehalt des Bodens mit dieser Frage zum Teil Hand
in Hand geht, und deshalb gleichfalls ohne Bedeutung für die Biologie
der Wanze ist, sei nur ergänzend erwähnt.

Anders dagegen verhält sich die physikalische Beschaffenheit der
Böden. Schubert (*47*) hat die Behauptung aufgestellt, daß „der schwere
Boden befallen, der leichtere frei" ist. Demgegenüber zeigte ich (*61*),
daß über die als Beispiel betrachteten Böden in physikalischer Hinsicht
gar keine Angaben gemacht worden waren, und daß diese Böden richtiger als nährstoffarm und nährstoffreich zu bezeichnen wären. Alle bisherigen Bearbeiter stehen in schroffem Gegensatz zu den Angaben
Schuberts. Auch meine Beobachtungen sowohl im Anhalter, als auch
im Schlesischen Befallsgebiet zeigen, daß die Wanze reichlich vertreten
ist auf humös-sandigen, also leichten, aber nur vereinzelt auftritt auf
tonigen und lehmigen, also schweren Böden. Als Beispiel führe ich die
scharfe Grenze des Wanzenbefalls in der Umgebung von Köthen an:
hier reicht das Wanzenauftreten bis an die Grenzlinie Osternienburg—
Libbesdorf—Groß-Badegast und geht auf die östlich davon gelegenen
schweren, tonig-lehmigen Rübenböden trotz starken Rübenbaues nur in
kleinsten, 3 bis 4 km weiten Ausstrahlungen über, um dann völlig zu
versiegen. Damit ist auch die ganze weiter östlich gelegene Gegend, insbesondere die Magdeburger Börde, von der Rübenwanze verschont geblieben und dürfte es aller Wahrscheinlichkeit nach auch in Zukunft
bleiben. Ebenso fanden sich in Schlesien die leichten, stark mit Sand
durchsetzten Böden im Norden und Westen der Provinz von der Wanze
befallen, dagegen waren die schweren Lehm-, Ton- und Schwarzerde-
böden westlich von Breslau und in der Breslauer Börde völlig frei, und
die mittleren Böden um Breslau und Ohlau nur ganz schwach befallen,
obwohl die schweren Böden durchaus unmittelbaren Anschluß an
wanzenbefallene Gegenden hatten und überall reichlicher Rübenbau getrieben wurde.

Die lehmig-tonigen Böden lassen also die Wanze nicht hoch-
kommen. Das beruht auf einfachen mechanischen Bedingungen: der
Lehm- und Tonboden bindet bei Regengüssen derartig stark, daß die
Rübenwanzen, die sich in Erdverstecken, Erdspalten usw. verkrochen
haben, verklebt werden und sich auch nach dem Abtrocknen des Bodens
nicht wieder frei machen können, sondern eingehen. Ganz anders verhält sich der Sandboden, auch hier werden wohl die Wanzen zunächst
etwas verschlemmt, dann aber fallen beim Abtrocknen die Sandkörner
vom Körper ab, die Wanze ist wieder frei. Diese rein mechanischen Ver-

hältnisse lassen sich jederzeit im Versuch zeigen, sie wurden bei unseren Infektionsversuchen (vgl. Abschn. VI), die mit Rübenpflanzen in lehmigem Boden angestellt wurden, häufig sehr lästig, da die angesetzten Wanzen auf dem besprengten Erdboden verklebten und innerhalb 24 Stunden eingingen. Aus allen diesen Versuchen und Beobachtungen ergibt sich nun die wichtige Tatsache, daß die physikalische Beschaffenheit des Erdbodens in dem Sinne einen Einfluß auf die Biologie und Gradation der Rübenwanze ausübt, daß bindige Bodenbeschaffenheit durch rein äußerliche mechanische Umstände die Weiterverbreitung des Schädlings hindert, daß also schwere (lehmig-tonige) Böden wanzenfrei, leichtere Böden aber von Wanzen befallen sind. Von Wichtigkeit wäre weiterhin die Feststellung der genauen physikalischen Zusammensetzung der betreffenden Bodenarten nach der Schlemmmethode, um auf diese Weise sagen zu können, wieviel Prozent abschlemmbare Bestandteile noch von der Wanze ertragen werden, d. h. also welche Böden überhaupt befallen werden können und welche nicht. Diese Untersuchungen sind von der Landwirtschaftskammer in Dessau bereits in die Wege geleitet und haben in den ersten mir mündlich mitgeteilten Resultaten durchaus die obigen Schlüsse bestätigt. Auf Grund der physikalischen Bodenbeschaffenheit läßt sich heute also mit großer Wahrscheinlichkeit sagen, daß die Rübenblattwanze schwerlich in Schwarzerde- und Lößlehmlandschaften als Großschädling eindringen wird, daß also unsere derzeitigen wichtigsten Rübenbaugebiete von der Wanze frei bleiben werden.

Auf die Biologie der *Piesma* könnten nun noch Kulturmethoden von Einfluß sein. Dabei ist im Zusammenhang mit dem Boden besonders an den Nährstoffgehalt des Bodens zu denken und an die Methoden zu seiner Verbesserung, also an die Düngung. Dieser Frage ist nur SCHUBERT (*47*) nähergetreten und fand (allerdings in nur einem Beispielspaar), daß der nährstoffreichere Boden wanzenbefallen war, der -ärmere nicht. Meine in Gemeinschaft mit THIELEBEIN und SCHNEIDER von der Landwirtschaftskammer in Dessau durchgeführten Beobachtungen und Erkundungen über den Düngungszustand befallener und nichtbefallener Felder in Anhalt haben das einwandfreie Ergebnis gehabt, daß Düngungsmaßnahmen und damit der Nährstoffgehalt des Ackerbodens ohne jeden Einfluß auf die Rübenwanze sind. Sie befällt sowohl gut, wie ungenügend gedüngte Äcker ohne Unterschied, wobei es ebenfalls ohne Bedeutung ist, ob Stalldung oder Kunstdünger verabreicht wurde. Nur indirekt kann von einem Einfluß der Düngung gesprochen werden, indem nämlich die Kräuselkrankheitserscheinungen auf gut ernährten Feldern weniger stark in Erscheinung treten, weil die Rübenpflanzen sich hier schneller und kräftiger entwickeln und so schneller über das kritische Infektionsalter (vgl. Abschn. VI) hinüberkommen.

Von weiteren Kulturmethoden sei die **Bodenbearbeitung**, insbesondere das Hacken erwähnt. Felder, die von ihren Besitzern in dieser Richtung vernachlässigt werden und voll Unkraut stehen (Abb. 26), bieten den Wanzen gute und ungestörte Verstecke dar. Sie bilden also Jahr für Jahr Anziehungspunkte für den Wanzenbefall gegenüber den sauber gehackten Äckern und zeigen infolgedessen viel höhere Mengen Rübenwanzen. Das gleiche gilt vom **Fruchtwechsel**: der ständig sich wiederholende Anbau von Rüben auf dem gleichen Ackerstück ist wie für andere Schädlinge—ich denke z. B. an die Rübennematoden und an das Moosknopfkäferchen — so auch für die Rübenwanze eine sehr günstige Bedingung für ihre Massenvermehrung. Die vom Rübenschlag im Herbst in die benachbarten Winterverstecke abwandernden Wanzen finden im nächsten Jahre an der gleichen Stelle wieder Rüben und können so ohne die Gefahr der Vernichtung auf der Nahrungssuche sofort wieder mit Saugen beginnen. Die Freilandbeobachtungen im Anhalter Gebiet bestätigen durchaus diese Überlegungen. Gute und sachgemäße Bodenbearbeitung und Fruchtwechsel werden also den Wanzenbefall einschränken können, während die Düngung ohne unmittelbaren Einfluß bleibt.

e) Beziehungen der Rübenwanze zu anderen Tieren.

Die Rübenwanze ist in ihren Lebenserscheinungen nicht nur abhängig von den äußeren Einflüssen der unbelebten Umwelt, sondern es wäre an und für sich auch eine Beeinflussung durch die belebte Umwelt zu erwarten. Die Beziehungen der Pflanzenwelt sind in den vorhergehenden Abschnitten bereits besprochen, es ist also nur noch auf die Tierwelt einzugehen.

Es ist zu erwarten, daß *Piesma quadrata* als Schädling sich mit anderen Rübenfeinden gemeinsam auf den Äckern findet. Ich konnte mit der Rübenwanze zusammen im **Freiland im Sommer** folgende Insekten, die auch mehr oder weniger dem Rübenbau schädlich sind, feststellen: Rübenfliege (*Pegomyia hyoscyami* PANZ.), Aaskäfer (*Blitophaga opaca* L., *Blitophaga undata* MÜLL., *Silpha obscura* L.), Schildkäfer (*Cassida nebulosa* L.), verschiedene Erdflohkäfer (*Phyllotreta*-Arten), schwarze Blattlaus (*Aphis papaveris* L.), und im Jahre 1928 auch die Gammaeule (*Plusia gamma* L.). In Gemeinschaft mit den Blattläusen fanden sich Coccinelliden und Syrphiden. Von Wanzen fanden sich nur in der Ascherslebener Gegend auf einzelnen Rübenpflanzen mit *Piesma quadrata* zusammen einige Vertreter von *Piesma capitata* WOLFF und *Piesma maculata* LAP., in größerer Zahl aber *Lygus pratensis*. Auf Meldearten an Feldrainen, Wuststellen und ähnlichen Örtlichkeiten fand sich in allen Gebieten die Rübenwanze in geringer Zahl vergesellschaftet mit ihren Gattungsgenossen *capitata* und *maculata*. Zwischen allen genannten

Insekten und der Rübenwanze ließ sich nirgends irgendeine Beziehung oder gegenseitige Beeinflussung ermitteln. Auch mit ihren Gattungsgenossen waren in Versuchszuchten, abgesehen von vergeblichen Kopulationsversuchen, keine besonderen Beziehungen feststellbar. SCHUBERT (47) hat Beobachtungen mitgeteilt, daß *Piesma* die von *Aphis papaveris* befallenen Felder bzw. Pflanzen meidet. Es wäre wohl denkbar, daß die Wanze diese Rübenpflanzen, da sie mit Häutungs- und Kotresten bedeckt sind, nicht angeht. Meine Beobachtungen im Anhalter Gebiet konnten das aber nicht bestätigen: blattlausbefallene Pflanzen waren auch wanzenbefallen.

Neben dem Biotop des Sommers ist weiterhin das des Winterlagers zu betrachten. Hier findet sich die Rübenwanze hauptsächlich in Gesellschaft von Laufkäfern, Kurzflüglern, Aaskäfern, *Apion*-Arten, Springschwänzen, Milben, Spinnen und einigen anderen seltener auftretenden Insekten. Auch hier war weder eine feindliche, noch freundliche Beziehung dieser Mitbewohner des Winterquartiers zu der Rübenwanze zu finden. Auch höhere Tiere, z. B. insektenfressende Vögel, wurden bei meinen Freilandbeobachtungen niemals angetroffen, daß sie den zahlreichen Rübenwanzen nachgestellt hätten. Ob dies darauf zurückzuführen ist, daß die Wanzen durch ihren spezifischen Geruch geschützt sind (29), soll eine offene Frage bleiben. Auch Raubinsekten blieben der Rübenwanze fern.

Nach allen diesen Freilandbeobachtungen war also kaum mit irgendwelchen natürlichen Feinden der Rübenwanze zu rechnen. Das hat sich in meinen Laboratoriumszuchten, in denen im ganzen annähernd zehntausend Wanzen durch meine Hände gingen, vollauf bestätigt: kein einziges Mal ist ein Parasit der *Piesma* gezüchtet worden. Von früheren Bearbeitern hat nur EXT (17) an einer Larve IV einmal einen Parasiten, scheinbar eine Laufmilbe, gefunden. Auch SCHNEIDER hat, nach mündlicher Mitteilung, diese rötlichen Laufmilben an Wanzen und Larven vereinzelt festgestellt.

Es war aber daran zu denken, vielleicht durch künstlich geschaffene Bedingungen Feinde oder Parasiten der Rübenwanze zu finden. Aus dieser Überlegung heraus habe ich (61) die Möglichkeit geprüft, Rübenwanzeneier durch die Chalcidide *Trichogramma evanescens* WESTW. parasitieren zu lassen, da dieser Nützling neben Eiern zahlreicher Schmetterlinge auch die Eier der Bettwanze ansticht und sich in ihnen gut entwickelt (28). „Im ganzen wurden in diesen Versuchen 1997 *Piesma*-Eier den *Trichogramma* angeboten, aber kein einziges der Wanzeneier wurde angestochen, belegt und entwickelte in sich den nützlichen Parasiten. Es schlüpften vielmehr nach der entsprechenden Entwicklungszeit die jungen Wanzenlarven im gleichen Verhältnis wie bei den Kontrollen." Also auch künstlich kann man, wenigstens was *Trichogramma* anlangt, keine Feinde der Rübenwanze finden.

f) Züchtung der Wanze und künstliche Infektion von Rübenpflanzen.

Die Technik der Wanzenzüchtung und künstlichen Infektion von Rübenpflanzen wurde bereits früher von mir (*61*) eingehend mitgeteilt. Es sei hier nur kurz wiederholt, daß die Züchtung der Wanzen, einschließlich der Eier und Larven, in gut schließenden Petrischalen oder in Glasdosen mit eingeschliffenem Deckel leicht gelingt, wenn man den Tieren auf trockenem Fließpapier Rübenkeimlinge oder Rübenblätter täglich frisch als Futter bietet. Ebenso bewährte es sich, die Wanzen im Freiland zu überwintern, indem sie in aufrechtstehenden glatten Lampenzylindern, die oben und unten mit fester dichter Gaze zugebunden waren, zwischen trockenes Laub und Grasgenist locker eingebettet wurden, und die so beschickten Zylinder, das obere Ende freilassend, in die Erde eingegraben wurden. Die Infektionen an Rübenkeimlingen und auch älteren Rübenpflanzen gelangen stets gut, wenn die Wanzen durch über die Pflanzen oder Pflanzenteile gestülpte und mit Gaze oder Watte abgedichtete Lampenzylinder am Abwandern von der Pflanze gehindert wurden.

VI. Die durch die Rübenblattwanze hervorgerufene Kräuselkrankheit.

Mehrere Jahre bevor die Rübenblattwanze als Schädling erkannt wurde, waren die Kräuselerscheinungen der Rüben dem beobachtenden Landwirt aufgefallen. Nachdem dann der Zusammenhang zwischen *Piesma* und Kräuselkrankheit aufgedeckt war, erhob sich naturgemäß die Frage nach dem Zustandekommen des Krankheitsbildes. Es finden sich also in der Literatur anfangs nur einfache Beschreibungen der Krankheitsformen, später versucht man, dem Kern der Frage nach dem Warum und Wie näherzukommen. In diesem Zusammenhang sind die beiden Arbeiten DYCKERHOFFS (*10, 12*) anzuführen, der die Erkrankung der Rübe als eine Vergiftungserscheinung auffaßte, und meine Abhandlung über die Kräuselkrankheit (*61*), in der diese als Viruskrankheit erkannt wurde. Es muß auch hier noch BÖNING erwähnt werden, der auf Grund der Literaturstudien, besonders der DYCKERHOFFschen Versuche, gleichfalls eine Viruskrankheit zur Erklärung annahm (*2, 3*). Damit ergab sich ohne weiteres die von BÖNING und mir durchgeführte Vergleichung der deutschen Wanzenkräuselkrankheit mit der nordamerikanischen durch *Eutettix tenellus* BAK. übertragenen curly-leaf-disease.

a) Wirtschaftliche Bedeutung.

Im allgemeinen ist über die Erkrankung der Rüben zu sagen, daß diese nach dem Saugestich der Wanzen in ihrer Entwicklung zurückbleiben und an Stelle der normalen aufrechten Blätter kurze, gekräuselte, nach innen eingekrümmte Blätter entwickeln. Die Rübe selbst bleibt klein. Die zahlenmäßige Erfassung dieser Ernteeinbußen ist nicht leicht. EXT (*17*) versuchte den Schaden des Jahres 1922 festzustellen und schätzte den Gesamtverlust für die Dessauer Gegend auf über 50 Millionen Papiermark. SCHNEIDER-Dessau (nach brieflicher Mitteilung) hat 1926 den Gewichtsverlust an je 100 kranken gegenüber 100 gesunden Rüben aus der Dessauer Gegend bestimmt und fand, daß der prozentuale Gewichtsverlust beträgt bei:

Zuckerrüben mit Kraut . .	48,0%	Runkelrüben mit Kraut . .	66,0%
Zuckerrüben ohne Kraut . .	45,3%	Runkelrüben ohne Kraut. .	65,0%
Kraut	54,3%	Kraut	69,7%

Meine eigenen künstlichen Infektionen des Jahres 1927 (*61*) stellten etwas höhere Werte fest:

Zuckerrübe mit Kraut . . .	59,5%	Runkelrübe mit Kraut . . .	77,5%
Zuckerrübe ohne Kraut . .	64,3%	Runkelrübe ohne Kraut . .	76,6%
Kraut	53,5%	Kraut	80,4%

Neben dem Gewicht spielt der Zuckergehalt für die wirtschaftliche Schädigung eine nicht unbedeutende Rolle. Ich kann hierfür einen von der Landwirtschaftskammer für Anhalt mir zur Verfügung gestellten Untersuchungsbericht der Anhaltischen Versuchsstation in Bernburg mitteilen. Danach betragen die Durchschnittswerte von je 25 gesunden und wanzenkranken Rüben:

Tabelle 6.

		gesunde Rübe	wanzenkranke Rübe
Rübe	% Zucker	19,4	15,2
	% Trockensubstanz	27,00	23,60
Saft	° Brix	24,33	21,13
	% Zucker	21,53	17,63
	% Nichtzucker	2,80	3,50
	Reinheitsquotient	88,49	83,43

Um die Einbußen auch noch in Geldwerten darzustellen, führe ich eine früher (*61*) durchgeführte Rechnung an. Unter Annahme eines Ernteertrages auf den leichten Böden südlich von Dessau von 250 dz je Hektar und eines Ernteertrages auf schweren Böden anderer Gegenden von 350 dz je Hektar wird bei Zugrundelegung der von mir im Versuch erhaltenen Schädigungsprozente (s. oben) der Ernteertrag auf 89,25 bzw. 124,95 dz je Hektar herabgedrückt. „Rechnet man als mittleren Abnehmerpreis 3,40 RM je Doppelzentner, so würde also der Schaden nicht weniger als 546,55 bzw. 765,17 RM je Hektar betragen."
Aus den angeführten Werten ergibt sich also einmal eine allgemeine

bedeutende Ernteschädigung und dann auch eine recht große Minderung des Zuckergehaltes, die beide schwere Geldverluste im Gefolge haben. Damit dürfte also bewiesen sein, daß die Wanzenkräuselkrankheit von außerordentlicher wirtschaftlicher Bedeutung einmal für die zunächst betroffene Landwirtschaft, sodann für die Zuckerindustrie, schließlich aber auch für das gesamte Volksganze ist.

b) Krankheitsbild und Krankheitsverlauf bei der Rübe.

Bei der Schilderung der Symptomatologie der Krankheit kann ich von den früheren Bearbeitungen absehen und mich auf meine eigenen Untersuchungen (*61*) beschränken. Es ist zu unterscheiden zwischen primären Krankheitserscheinungen und später auftretenden sekundären Merkmalen, die beide voneinander durch eine verschieden lange Zeitspanne, die Inkubationszeit, getrennt sind.

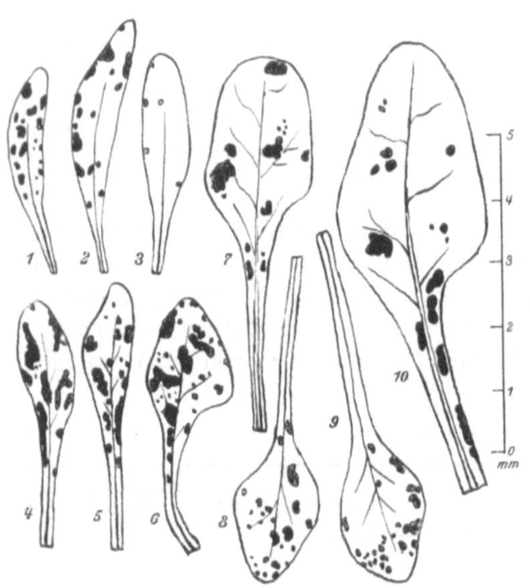

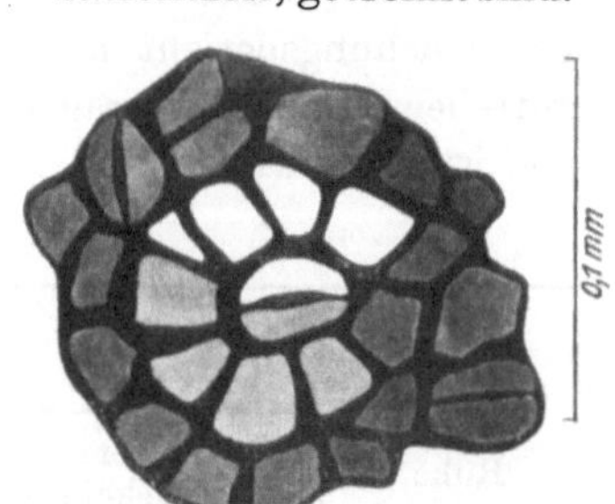

Abb. 30.   Abb. 31.

Abb. 30. Primäre Stichflecke an jungen Rübenblättern, *1, 2, 3* Keimblätter, *4, 5, 8, 9* Laubblätter des ersten Blattpaares, *6, 7, 10* Laubblätter des zweiten Blattpaares. Orig. — Abb. 31. Primärer Stichfleck an der Unterseite des ersten Laubblattes eines Rübenkeimlings. Leere und halbleere Zellen. Orig.

Die primären Symptome finden sich stets, wenn die Wanzen überhaupt an den Pflanzen gesogen haben, sie sind also als unmittelbare Folge des Wanzensaugestiches aufzufassen. Als erstes erkennbares Anzeichen finden sich an den Stichstellen helle Flecken im Pflanzengewebe. Ihre vollkommen unregelmäßige, nur von den einstechenden Wanzen abhängige Anordnung und ihre verschiedene Form auf den Blättern zeigt die Abb. 30. Infolge ihrer weißlichen Färbung sind die primären Stichflecke durch Kontrastwirkung am sichtbarsten auf den grünen Blattspreiten der Keim- und Laubblätter, weniger an den Blattadern und -stielen, am wenigsten auf dem Hypokotyl des Keimlings. Sie erscheinen fast unmittelbar nach Beendigung des Saugaktes, seltener erst

nach 24 Stunden. An Keimlingen, älteren Pflanzen und auch zweijährigen Rüben bilden sich die Flecke in gleicher Weise aus. Untersucht
man den einzelnen Stichfleck genauer, so zeigt sich das Gewebe an den
Saugstellen etwas eingesunken. Bei starker Vergrößerung finden sich
einzelne Zellen völlig leer, andere halb ausgesaugt und schließlich wieder
andere völlig intakt (Abb. 31). Der Stichfleck kommt also dadurch zustande, daß die Wanze mit ihrem Stechrüssel in die Pflanzenzellen eindringt und deren Inhalt mehr oder weniger vollständig aussaugt. Die
Stichkanäle konnte ich allerdings nicht finden, da sie wohl nach Herausziehen des Rüssels sich wieder schließen, und da sie keine Schwärzung
wie bei manchen Blattläusen zeigen. Anzunehmen ist auch, daß nicht
jede einzelne Zelle angestochen wird, sondern daß die Entleerung durch
Osmose von seiten der leergesaugten benachbarten stattfindet.

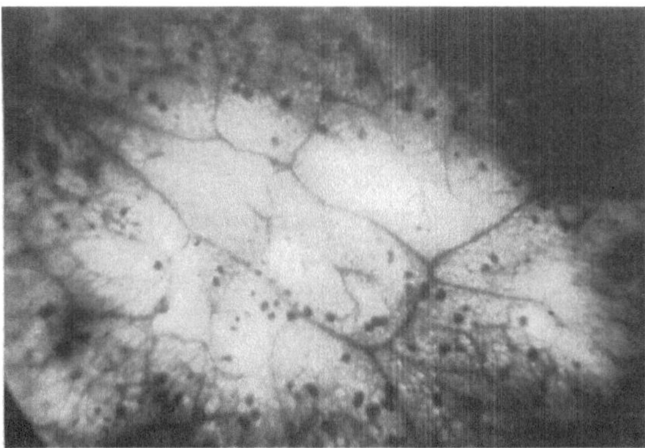

Abb. 32. Verteilung der Calciumoxalatkristalle in einem primären Stichfleck eines älteren
Rübenblattes. Originalmikrophot.

Wie E. W. Schmidt an der Mosaikkrankheit der Zuckerrübe zeigte,
kann man den „pathologischen Zustand an der Menge und Verteilung
des Calciumoxalates in den Blättern erkennen". In gleicher Weise wie
Schmidt behandelte ich Blattstücke, die Stichflecke enthielten, mit
Chloralhydrat: an den Stichstellen waren die Kalziumoxalatdrusen entweder ganz verschwunden oder ganz klein, gegenüber den großen Drusen
im umgebenden gesunden Gewebe (Abb. 32). Damit ist also gezeigt, daß
an den Stichstellen die Stoffwechselintensität des Rübenblattes vollständig aufgehoben oder doch stark eingeschränkt ist, was ja auch von
leeren oder halbleeren Zellen nicht anders zu erwarten war. Es ergibt
sich daraus aber weiterhin die Folgerung, daß Blätter, die über und
über mit Stichflecken bedeckt sind (Abb. 30, Blätter 4, 5, 6), nicht mehr
normal und ausreichend assimilieren können, und daß damit also besonders bei Keimpflänzchen eine schwere Gesundheitsstörung und Wachstumshemmung verbunden sein muß. Solange das Blatt am Leben ist,

bleiben auch die Stichflecken sichtbar, allerdings vergrößern sie sich nicht in dem Maße, wie das andere umgebende Blattgewebe, sondern nehmen höchstens um das Doppelte zu. Diese Stichflecken glaube ich als eine einfache mechanische Schädigung auffassen zu können.

Hand in Hand mit diesem ersten Symptom primärer Schädigung geht ein zweites: Keimpflänzchen, welche besonders stark von Wanzen besogen und mit Stichflecken bedeckt waren, ließen häufig die Blätter welk und schlapp herabhängen. Sie zeigten also eine typische Turgorschädigung, die wohl auf den Säfteverlust durch das starke Saugen zurückzuführen ist. Diese Schädigung ist also als ein weiteres primäres Krankheitsmerkmal, besonders der Keimpflänzchen, zu bezeichnen.

Die meisten der so primär geschädigten und erkrankten Pflanzen erholen sich wieder und wachsen, wenn auch geschwächt, weiter. Einige jedoch, besonders solche, welche sehr lange Zeit oder wiederholt besogen worden waren, kümmern, welken, wachsen nicht weiter und gehen schließlich zugrunde. Dieses frühzeitige Absterben der Rübenpflänzchen ist als drittes primäres Krankheitsmerkmal anzusehen, es tritt bis spätestens 30 Tage nach der Infektion auf.

Außer diesen drei primären Krankheitsmerkmalen finden sich keine weiteren Erscheinungen als unmittelbare Folgen des Wanzensaugestiches. Manche Rübenpflanzen entwickeln sich nun, nachdem sie sich von den primären Symptomen erholt haben, normal weiter und zeigen auch späterhin keine weiteren Krankheitsformen. Die Mehrzahl jedoch bildet nach einer gewissen, außerordentlich schwankenden Zeit erneut Krankheitserscheinungen, die sekundären, aus. Diese Zeit, in der sich die Rübenpflanzen ganz oder fast ganz normal entwickeln, ist die Inkubationszeit der Krankheit, sie beträgt nach unseren Beobachtungen mindestens 21 Tage. Die Dauer der Inkubationszeit ist stets verbunden mit einer besonderen sekundären Krankheitsform. Da die Gewichtsverluste bei der Ernte weitgehend durch die Länge der Inkubationszeit beeinflußt werden, so erhält diese eine besondere praktische Bedeutung.

Die sekundären Krankheitssymptome äußern sich in verschiedener Form und Schwere. Als charakteristisches Merkmal findet sich stets eine Kräuselung und Verkrümmung der Blätter, verbunden mit einem Anschwellen und Glasigwerden der Blattstiele und -adern. Je nach dem Verlauf der Krankheit und der Entwicklung der sekundären Krankheitszeichen lassen sich drei hauptsächliche und für die Praxis wirklich bedeutungsvolle Krankheitsformen unterscheiden:

Form I: Die schwere, ständig fortschreitende Erkrankung. Bei ihrer Schilderung folge ich meiner bereits früher (61) gegebenen Darstellung: „Nach einer verschieden langen Inkubationszeit von 21 bis etwa 60 Tagen, in welcher sich die Rübe normal entwickelt hat, hören die inneren Blätter des Rübenschopfes auf, sich normal zu entfalten. Die

Blattstiele wachsen nicht mehr in die Länge, sondern bleiben kurz und verdicken. Die Adern auf der Blattspreite treten auf der Unterseite stärker angeschwollen hervor als bei normalen Blättern, ohne aber jemals warzenartige Auswüchse zu bilden. Die Blattadern selbst, auch die feineren, sind viel heller als normal („glasig" nach RÖRIG und SCHWARTZ) und manchmal beinahe transparent. Sie wachsen ebenfalls nicht weiter und geben damit dem Blatt eine gestauchte Gestalt. Das Blattparenchym zwischen den Adern wächst dagegen weiter und bläht sich infolgedessen zwischen diesen blasenartig hervor, meist mit der Konkavseite nach unten, so daß auf diese Weise eine deutliche Kräuselung entsteht.

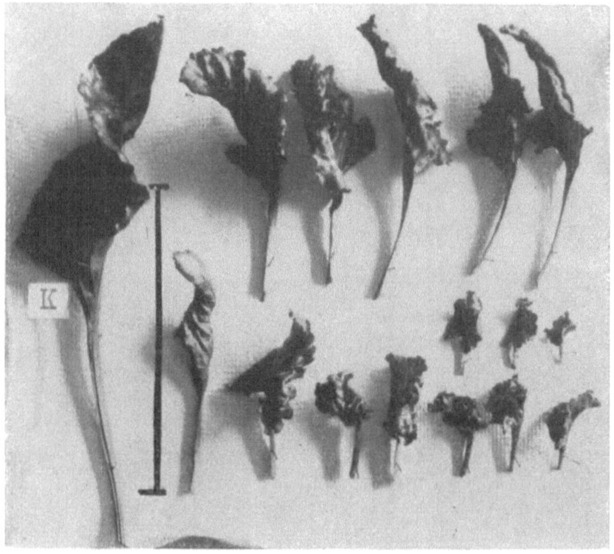

Abb. 33. Verschieden stark gekräuselte Blätter. Maßstab 20 cm, *K* gesundes Kontrollblatt. Originalphot. Nach WILLE (*61*).

Bei weiterem Verlauf verkrümmen sich auch noch die Mittel- und die Seitenadern in ihrem geraden Verlauf innerhalb der Blattspreite, ferner aber besonders in der Richtung nach innen, so daß die Blätter sich mit der Konkavseite über den Vegetationspunkt zusammenschließen, hier einen mehr oder weniger geschlossenen Kopf („Salatkopfbildung", EXT, *17*) bilden und sich nicht mehr wie bei der normalen Rübe nach außen in die Peripherie entfalten. Die Blätter sind brüchiger als gesunde, trotz der Aderverdickungen. Eine Einrollung der Blattränder nach unten, selten nach oben, und in Richtung auf die Mittelrippe, kann schon gleich zu Beginn der Kräusel- und Verkrümmungserscheinungen auftreten, sie kann aber auch erst später sich einstellen, ja in seltenen Fällen ganz fehlen (Abb. 33). Während sich so die inneren Blätter der

Rübenpflanze verändern, treten Krankheitserscheinungen auch an den mittleren und äußeren auf. Diese letzteren, die ihr Wachstum fast abgeschlossen haben, bekommen keine Verkräuselungen mehr, sie sterben aber schneller ab als bei normalem Entwicklungsablauf, was besonders dadurch deutlich wird, daß sie vergilben, dann braun werden, und schließ-

Abb. 34. Schwer erkrankte Zuckerrübe bei Mosigkau bei Dessau.   Phot. Landwirtschaftskammer Dessau.

lich vertrocknen oder abfaulen. Die mittleren Blätter der Rübenpflanze aber zeigen deutlich Anschwellen und Hellerwerden der Adern, Stillstand des Aderwachstums, verbunden mit mäßigem Hervorblähen des Blattparenchyms, daraus sich ergebend geringere Kräuselung, und häufig Einrollung der Blattränder. Es fehlt jedoch die starke Verkrümmung der Blattstiele und -adern nach innen, so daß also die mittleren Blätter sich nicht an den geschlossenen Kopf anschließen, sondern, ohne weiter in die Länge zu wachsen, allmählich sich nach außen und unten biegen.

Hier sterben sie nach kurzer Zeit wie ihre Vorgänger, die ältesten Blätter, unter schnellem Vergilben und Verbräunen ab. Die Abb. 33 gibt eine Übersicht verschieden stark gekräuselter Blätter neben einem normalen Blatt, und die Abb. 34 zeigt, zu welchen bizarren Formen die Kräuselung führen kann.

Bei dieser ständig fortschreitenden schweren Erkrankungsform ist also einige Zeit nach Auftreten der sekundären Symptome (frühestens nach 30 Tagen) ein Zustand erreicht, wo nur noch ein „Salatkopf" vorhanden ist, aber keine lebenden Außenblätter mehr (Abb. 35, Rübe III, 2 und III, 5). Die jeweils äußersten Blätter des gekräuselten Kopfes legen sich allmählich auch nach außen und sterben ab. Aus dem Inneren des Kräuselkopfes, dem Herzen der Rübenpflanze, heraus bilden sich aber in schneller Folge, was auch als sekundäres Krankheitszeichen anzusehen ist, eine Menge neuer Kräuselblätter von der geschilderten Größe und Form. Sie sitzen im Innern des „Salatkopfes", sind meistens chlorotisch und wirr verkrümmt und bleiben immer mehr an Größe zurück. Dabei tritt ein weiteres sekundäres Krankheitsmerkmal in Erscheinung: Das kegelförmige Herausheben des Vegetationspunktes, der sich auf die eigentliche Rübe dachartig aufsetzt (Abb. 36). Gleichzeitig mit Beginn der Kräuselerscheinungen, die ja auch schon mit der Hemmung des Wachstums, wenigstens der Blattstiele und -nerven verbunden sind, tritt für den eigentlichen Rübenkörper Stillstand in der Dicken- und Längenentwicklung auf. Der Rübenkörper wächst nicht mehr weiter; nach Monaten, bei der Ernte, hat er ungefähr noch die gleiche Größe wie zur Zeit, wo die Kräuselung begann. Deshalb steht die Dauer der Inkubationszeit in engster Beziehung zu den Gewichtsverlusten der Rüben. Von früheren Bearbeitern ist betont worden, daß die Blattwucherung den Rübenkörper schwäche, und daß infolge der Salatkopfbildung eine normale Assimilationstätigkeit nicht möglich sei. Sicherlich sprechen diese physiologischen Beziehungen mit, aber trotzdem ist die Hemmung des Wurzelwachstums als Symptom der Pflanzenkrankheit zu buchen. Schließlich ist weiterhin charakteristisch, daß der Rübenkörper in den beiden Längsfurchen zahlreichere Büschel von kleinen, meist unverzweigten Würzelchen treibt, so daß die Rüben seitlich mit starken Wurzelzöpfen versehen sind. Diese Neigung zur Zopfbildung ist wohl mehr als eine Nebenerscheinung der Wanzenkrankheit anzusehen, da sie auch bei anderen Rübenerkrankungen auftritt.

Die von dieser schweren, ständig fortschreitenden Erkrankungsform befallenen Rüben können nun bis zur Erntezeit im Herbst am Leben bleiben, in einigen Fällen sterben sie aber auch schon früher ab. So konnten wir das Eingehen schwerkranker Kräuselrüben 69, 72, 73 und 83 Tage nach dem ersten Auftreten der sekundären Krankheitszeichen beobachten. Dieses Absterben geht allmählich vorwärts, indem der innere

Schopf des Kräuselkopfes immer dünner wird. Man hat den Eindruck,
als ob die Pflanze nicht mehr die Kraft hätte, neue Blätter in dem Maße
zu bilden, wie nach außen·fortlaufend absterben. Es stehen dann kurz
vor dem Tode nur noch drei bis vier verkräuselte und verkümmerte,
ungefähr 5 cm lange Blätter auf dem Vegetationspunkt, die schließlich
sich auch zu Boden legen und sterben (Abb. 35, Rübe III, 7). Diesem
Endzustand streben auch die übrigen kräftigeren schwererkrankten
Rüben zu; sie erreichen ihn nur nicht wegen des einsetzenden Winters.

Abb. 35. Schwer gekräuselte Rüben. Maßstab 20 cm. *K* gesunde Kontrollrübe. Originalphot.
Nach WILLE (*61*).

Ein großer Teil dieser Pflanzen übersteht aber eine Überwinterung nicht
mehr, treibt also im Frühjahr des nächsten Jahres nicht wieder aus."
    Diese schwerste Form der Rübenwanzenkräuselkrankheit tritt im
Freiland am häufigsten auf und wird für die Praxis besonders durch die
schwere Minderung des Erntegewichtes gefährlich. Die im Abschn. VI, a
angegebenen Ernteverluste sind fast ausschließlich auf diese Krankheitsform zurückzuführen. Das in meinen Versuchen als Minimum erreichte
Gewicht (bei der Ernte) von 4 g einer Rübe mit Kraut und von 2 g der
gleichen Rübe ohne Kraut, ist das deutlichste Zeichen für die Schwere
dieser Krankheitsform.
    Hand in Hand mit den äußeren Krankheitssymptomen treten hier
nun auch noch einige innere auf, nämlich geschwärzte oder dunkler

gefärbte Gefäßbündelringe, die im Längsschnitt als dunkle Längsstriche
(Abb. 36), im Querschnitt als dunkle konzentrische Ringe erscheinen
und als Phloemnekrosen anzusehen sind, ferner eine mehr oder weniger
große, an den Wänden meist geschwärzte Höhlung im Innern des Rübenkörpers unterhalb des Vegetationspunktes. Diese beiden Erscheinungen
finden sich nun aber auch bei anderen Rübenkrankheiten (*39, 61*), sie
sind also nicht als typische Krankheitssymptome, sondern nur als Be-
gleiterscheinungen der sekundären Merkmale aufzufassen.

Abb. 36. Schwer erkrankte Rübe, aufgeschnitten. Phot. Schwartz. Nach Ext (*17*).

Form II: Die schwere Krankheitsform mit Unterbrechungen. Ähnlich wie bei der vorstehenden Krankheitserscheinung beginnt die Form II
nach einer Inkubationszeit, die hier 40 bis 70 Tage beträgt, mit den schweren Symptomen der Wachstumshemmung, Blattkräuselung und Salatkopfbildung. Doch kommt es nie zu einer festgeschlossenen Form des
Kräuselkopfes. Vielmehr tritt stets vorher eine Unterbrechung des

Krankheitsverlaufes ein, die sämtlichen Krankheitssymptome verschwinden allmählich, die Pflanze erholt sich und wächst nach dem Krankheitsanfall, der ungefähr 30 Tage dauert, normal weiter. Während meistens nur ein einmaliger Krankheitsanfall zu beobachten war, konnte doch in einigen Fällen nach einer auf den ersten Anfall folgenden normalen Wachstumszeit von 30 bis 60 Tagen wiederum erneut eine Kräuselperiode mit den gleichen schweren Krankheitssymptomen und einer 30- bis 40tägigen Dauer auftreten. Wie aus der Krankengeschichte schon hervorgeht, wechseln also Krankheitszeiten mit normalen Wachstumszeiten ab, und in diesen kann die Rübenpflanze, wenn die Witterungsverhältnisse günstig sind, die erlittenen Verluste wenigstens teilweise wieder aufholen. Völlig ausgleichen kann sie sie allerdings niemals, so daß also für die Praxis der Schaden auch dieser zweiten Krankheitsform noch recht fühlbar ist. Allerdings ist diese Art der Erkrankung im Freiland nicht häufig anzutreffen.

Form III: Die leichte, spät einsetzende Erkrankung. Das charakteristische für sie ist eine sehr lange Inkubationszeit von ungefähr 110 Tagen (Minimum 89, Maximum 144 Tage), d. h. also, die Rübenpflanzen entwickeln sich 3 bis 4 Monate nach der Infektion ganz normal und kräftig, und so erreichen die Rübenkörper im allgemeinen eine stattliche Größe. Erst zu einem späten Zeitpunkt setzt Wachstumshemmung und anormale Blattentwicklung ein. Wie bei den anderen Krankheitsformen bleiben die inneren Blätter klein und kurz gestielt, Rippen und Stiele schwellen dick an und werden glasig, die Blattfläche ist blasig aufgetrieben und gekräuselt. Infolge der einwärtigen Krümmung der Blattstiele bilden die inneren Blätter einen mehr oder weniger dichten Schopf, der als Salatkopf in einer Rosette langgestielter älterer Blätter thront (Abb. 37). Sterben diese äußeren Blätter nun noch ab, was allerdings bei der fortgeschrittenen Jahreszeit nicht immer eintritt, so ähnelt die Krankheitsform III außerordentlich der Form I, nur mit dem Unterschied, daß die in der Erde steckende Rübe gut entwickelt ist und nur eine geringe Erntegewichtsminderung zeigt. Deshalb ist diese dritte Erkrankungsform, die unter gewissen klimatischen Bedingungen recht häufig zu sein scheint, von nur geringer wirtschaftlicher Bedeutung.

Neben diesen drei wichtigsten Formen des Krankheitsablaufes finden sich bei genauer Verfolgung der Einzelpflanze noch einige Krankengeschichten, die in ihrer Symptomatologie von diesen Krankheitsbildern etwas abweichen, ·sei es, daß wir leichte Erkrankungen mit Unterbrechungen oder auch nur allgemeine Kümmerformen ohne typische Blattkräuselung vor uns haben. Da diese Krankheitsbilder an unserem umfassenden Beobachtungsmaterial nur einen verschwindenden Anteil haben, so sollen sie hier nicht besonders betrachtet werden.

Prüft man die drei Krankheitsformen der sekundären Symptome

etwas eingehender durch, so wird man, besonders unter der später (s. unten und Abschn. VI, d) zu beweisenden Annahme, daß die Krankheit durch ein Virus hervorgerufen wird, zu der Erklärung gedrängt, daß die Krankheitsformen II und III nur abgeschwächte Viruserscheinungen der

Abb. 37. Krankheitsform III an Zuckerrübe bei Mosigkau. Vordere Blätter entfernt. Phot. Landwirtschaftskammer Dessau. Nach WILLE (*61*).

Form I sind. Diese Erklärung der verschiedenen Krankheitsbilder ist unbedingt richtig; die Abschwächung des Virus findet aber im Rübenorganismus jedesmal von Fall zu Fall statt, nicht etwa wird von verschiedenen Wanzen ein verschieden starkes Virus übertragen, wie ich durch besondere Versuchsanstellung (*61*) beweisen konnte. Der Krankheitsstoff macht also in jeder Rübe eine Entwicklung durch und erzeugt, je nach dem Ablauf dieses Entwicklungsprozesses, verschiedene Krankheitsformen.

Ein Punkt der Krankengeschichte muß noch besonders betont werden: Die sekundären Symptome treten stets nur an Pflanzenteilen auf, die niemals mit den Rübenwanzen in Berührung gekommen sind. Denn die bei der Infektion besogenen ersten Laubblätter und Keimblätter sind meist schon während der Inkubationszeit abgewelkt, sie selbst aber erkranken auf jeden Fall nicht mehr mit sekundären Anzeichen. Dies kann man in den künstlichen Infektionen, wo die Wanzen nur eine kurze Zeit zum Saugen angesetzt und danach wieder restlos entfernt wurden, sehr gut zeigen, während es bei Pflanzen auf wanzenbefallenen Feldern meistens nicht zutrifft. Es gelingt also durch die künstlichen Infektionsversuche, die beiden Symptomgruppen voneinander scharf zu trennen, und damit wird bewiesen, daß durch den einmaligen Wanzensaugestich ein Krankheitsstoff in die Rübenpflanze eingeführt wird, der sich von der Infektionsstelle aus im ganzen Pflanzenkörper verteilt und nach einer bestimmten, je nach seinem Entwicklungsgang in der Pflanze verschieden langen Inkubationszeit im Pflanzenorganismus sekundäre Krankheitssymptome hervorruft.

Das Virus der Wanzenkräuselkrankheit ist also in der ganzen Pflanze verteilt und sitzt nicht etwa nur in den gekräuselten Blättern. Denn schneidet man diese ab, so treiben anschließend doch nur wieder Kräuselblätter aus. Ebenso verhalten sich wanzenkräuselkranke Rüben im zweiten Jahr ihrer Vegetation, also als Samenträger, durchaus wie schwerkranke Pflanzen. Das Krankheitsbild der zweijährigen Rübe läßt sich nach meinen Beobachtungen von 1928 an 293 Rüben verschiedenster Sorten, die im Jahre 1927 künstlich infiziert, und von denen 81 auch erkrankt waren, folgendermaßen zusammenfassen:

Von den im Vorjahre an der schwersten Krankheitsform I erkrankten Pflanzen trieben nur ganz wenige, nämlich nur 14% aus, d. h. also, das Virus hatte die Pflanzen im ersten Jahre so stark geschwächt, daß sie nicht hinreichend Reservestoffe besaßen zum Austrieb im zweiten Jahre. Die wenigen, auch meistens später als die Kontrollen austreibenden Pflanzen hatten sämtlich schwer gekräuselte, chlorotische oder mosaikartig gezeichnete Blätter, die Blütentriebe waren glasig und brüchig, was sich bei einem Exemplar derartig zeigte, daß bei einem starken Regensturm sämtliche fünf kurzen Blütentriebe an ihrer Ansatzstelle am Rübenkörper abbrachen, so daß dann die Rübe einging, ohne Samen zu bringen. Viele austreibende Pflanzen gingen nach 1 Monat kümmerlichen Wachstums ein. Bei den übrigen zeigte die Entwicklung der ganzen Pflanze gegenüber den gleichaltrigen unbehandelten Kontrollen Zwergwuchs oder eine außerordentlich schwache Entwicklung der Triebe. Dementsprechend war der Ansatz von Blüten und Samen außerordentlich schwach, er betrug im Durchschnitt ungefähr ein Zwanzigstel gegenüber den Kontrollen. Von diesen Pflanzen, die im vorhergehenden Jahre mit der Krankheitsform I erkrankt waren, entwickelte sich keine einzige normal.

Von den Rüben, die im voraufgehenden Jahre an der typischen Erscheinung der Form II litten, trieben erheblich mehr, nämlich 53% aus. Von diesen entwickelten sich drei Viertel ganz normal und gaben auch die normalen Mengen Samen, während ein Viertel durch kräuselnde und mosaikartig gezeichnete Blätter die in ihnen steckende Krankheit verriet und entsprechend auch nur wenig Samen brachte.

Schließlich von den an der Krankheitsform III erkrankten Rübenpflanzen trieben 50% im zweiten Vegetationsjahr aus, aber nur ein Fünftel dieser war einwandfrei gesund und zeigte das Wachstum des normalen Samenträgers mit gutem Samenansatz. Die übrigen vier Fünftel zeigten neben schwachen Kräuselungen und gelegentlichen Mosaikzeichnungen an den Blättern einen im allgemeinen nicht zu stark beeinträchtigten Wuchs der Blütentriebe. Daher kam es auch, daß der Samenertrag dieser Pflanzen nur unwesentlich gegen die gesunden und unbehandelten Kontrollen zurückblieb.

Bei allen Krankheitsbildern der zweijährigen wanzenkranken Rübe ist also charakteristisch das Kräuseln und die Mosaikzeichnung der Blätter, die allgemeine Schwächung des Wuchses und infolgedessen auch geringer Samenansatz. Ob die Mosaikzeichnung auf einen Zusammenhang zwischen Rübenwanzenkräuselkrankheit und Mosaikkrankheit hinweist, wäre vielleicht eingehender zu untersuchen. Die Beobachtungen an den zweijährigen Rüben haben aber entschieden gezeigt, daß im ersten Jahre erkrankte Rüben auch im zweiten Jahre krank bleiben, wobei der größte Teil der schwerkranken überhaupt nicht mehr austreibt, und daß die Schwere der Erkrankung im zweiten Jahre genau abhängig ist von der Krankheitsschwere im ersten Jahre, d. h. je nach der Krankheitsform treten die Erscheinungen im zweiten Jahre auf oder klingen mehr und mehr ab.

Bei meinen zahlreichen Infektionsversuchen zeigte sich nun weiterhin folgendes: Die primären Merkmale der Krankheit traten stets bei allen Wanzen auf, wenn diese überhaupt gesogen hatten. Dagegen fanden sich die sekundären Krankheitssymptome nur dann, wenn die Pflanzen von infektiösen Wanzen — abgesehen von anderen Umständen — besogen worden waren (vgl. Abschn. VI, c und d), aber auch in diesem Falle erkrankten nicht alle künstlichen Infektionen, ein meistens allerdings geringer Prozentsatz blieb gesund. Auch auf den Feldern in Anhalt und Schlesien, wo infektiöse Wanzen schwer kräuselnde Rüben erzeugt hatten, fanden sich stets zwischen den schwer befallenen Pflanzen einige Rüben, die gesund und normal, im Gegensatz zu den anderen kranken, geradezu üppig standen. Diese Pflanzen sind aller Wahrscheinlichkeit nach ebenso wie die erkrankten bei der außerordentlich großen Zahl der Wanzen besogen worden, haben aber, ebenso wie bei den künstlichen Infektionen, keine sekundären Krankheitssymptome gezeigt. Wir müssen also annehmen, daß solche Rüben immun gegen die Wanzenkräuselkrankheit sind, oder, was das gleiche bedeutet, daß sie, obwohl angestochen und mit dem Virus beimpft, nicht erkrankten, also wohl in sich solche Fähigkeiten und Kräfte besitzen, daß die Krankheit in ihren sekundären Symptomen nicht auftritt. Durch Versuche konnte ich (*61*) nachweisen, daß es sich bei diesen immunen Rüben nicht um Sorteneigentümlichkeiten handelt, auch nicht etwa um eine erworbene Immunität (im Sinne der menschlichen und tierischen Pathologie) (vgl. Abschn. VI, c). Die Resistenz der betreffenden Rübenpflanzen muß also auf einer speziellen innerlichen und individuellen Immunität beruhen. Wenn diese Eigenschaft vererbbar sein sollte, so wäre damit ein Weg gezeigt, durch Züchtung dieser resistenten Rüben die Wanzenkräuselkrankheit wirksam zu bekämpfen. Versuche in dieser Richtung sind an der Zweigstelle der Biologischen Reichsanstalt in Aschersleben von mir eingeleitet worden.

c) Abhängigkeit des Auftretens der Krankheit von verschiedenen Faktoren.

Nach der gedrängten Schilderung der Krankheitserscheinungen muß nunmehr die Frage beantwortet werden, welche Faktoren das Auftreten beeinflussen können. Es soll also kurz die Ätiologie Erwähnung finden und die bei ihr beobachteten Beeinflussungen. Ich kann mich hierbei hauptsächlich nur auf meine eigenen Untersuchungen (*61*) beziehen und auf die Ergänzungen, die diese durch Versuche im Jahre 1928 erhielten. Über die auslösenden Ursachen der Wanzenkräuselkrankheit ließ sich feststellen, daß die Anzahl der Wanzen und die Länge der Saugezeit von großer Bedeutung waren. Typische Kräuselformen I traten nach dem Saugen von drei Wanzen innerhalb 24 Stunden oder von zehn Wanzen innerhalb 2 Stunden auf, falls für diese künstlichen Infektionen junge Keimlinge auf dem Zweiblattstadium verwendet wurden. Da sich auch sonst eine gute Zuordnung zwischen Wanzenanzahl und Saugezeit ergab, die sich kurvenmäßig in der Häufigkeit der gelungenen Infektionen aussprach, so schuf ich den Begriff des „Infektionsproduktes" (I = Anzahl der Wanzen × Saugezeit in Stunden). Während also dieser Wert nach meinen ersten Versuchen mit 72 bzw. 20 anzusetzen war, gelang es mir, dieses „Infektionsprodukt" noch mehr einzuengen. Es wurde immer nur mit einer Wanze infiziert, und diese wurde nach verschiedenen Zeiträumen abgesetzt. Bei 4 stündigem Saugen traten an einzelnen Pflanzen bereits Kräuselerscheinungen schweren Grades auf, bei noch kürzeren Zeiten blieben sie aber regelmäßig aus. Nach diesen Versuchen ist also das Minimum des Infektionsproduktes mit 4 anzusetzen. Von einem Maximum kann man wohl auch sprechen, indem man den Anzahl-mal-Zeit-Wert als Maximum bezeichnet, bei welchem die infizierte Pflanze meistens schon an den primären Schädigungen eingeht. Dieses Maximum lag bei 480, d. h. zehn Wanzen saugten 48 Stunden oder 20 Wanzen 24 Stunden. Das „Optimum" lag ungefähr in der Mitte, nämlich bei 240, wobei also zehn Wanzen 24 Stunden saugten. Da dieser Wert den Vorteil hatte, mit Sicherheit sekundäre schwere Krankheitszeichen auszulösen, ohne zu viele Pflanzen vorzeitig abzutöten, wurde er stets bei vergleichenden Infektionen angewendet. In diesem Zusammenhang sei der Infektionsversuche mit Zwischenpausen gedacht, die einmal von dem Gedanken ausgingen, daß in freier Natur die Wanzen nicht ständig saugen, sondern Pausen einlegen, in denen sich die beschädigte Pflanze erholen kann, andererseits die Frage klären sollten, ob nicht etwa durch solche allmählichen, mit Zwischenpausen durchgeführten Infektionen eine Gewöhnung an den Krankheitsstoff eintritt, d. h., ob es eine aktiv erworbene Immunität gibt (s. oben). Aus diesen Versuchen ergab sich, daß die mit Zwischenpausen in verschiedener Anordnung infizierten Rüben in ganz außerordentlich schwerem Maße erkrankten, daß also eingelegte Zwischenpausen das Entstehen der Wanzenkräuselkrankheit nicht einschränken oder verhindern können (*61*).

Abgesehen von der infizierenden Tätigkeit der Wanzen könnte das Erscheinen der Krankheit von dem Zustand der Pflanze abhängen. Hierbei müßte man berücksichtigen, ob nicht die Stichstelle an der Pflanze, also die Eintrittsstelle des Krankheitsstoffes in den Pflanzenorganismus, von Bedeutung wäre. Durch geeignete Versuchsanstellung (*61*) wurde den Wanzen immer nur eine Gruppe von Organen des Pflanzenkeimlings zum Saugen zugänglich gemacht, und so ließ sich zeigen, daß „es am Keimling keine besonders ‚lebenswichtigen' Stellen gibt, an denen er von der infizierenden Wanze getroffen werden muß, um zu erkranken". Von allen Teilen des Keimlings aus, seien es Keimblätter, Laubblätter oder Hypokotyl, kann die Infektion in den Pflanzenorganismus eindringen.

Das Alter der infizierten Rübenpflanzen kann natürlich auch von Bedeutung sein. Während meine früheren Versuche gezeigt hatten, daß Rüben, die den Entwicklungszustand von fünf Blattpaaren überschritten hatten, nicht mehr durch künstliche Infektion krank gemacht werden konnten, bewiesen meine letzten, mit größerem Material angesetzten Versuchsreihen, daß doch auch noch Pflanzen erkranken, die bereits 16 Blätter tragen, wenn auch die Krankheitserscheinungen nicht allzu schwer sind (Form III). Pflanzen, die älter als dieses Stadium sind, erkranken nur noch in Ausnahmefällen. Ebenso ließ sich durch eine große Anzahl von Versuchen an „Stecklingen" nachweisen, daß diese zweijährigen Rüben niemals mehr an der Rübenwanzenkräuselkrankheit erkranken können, was für die Praxis von sehr großer Wichtigkeit in manchen Gegenden sein kann. Natürlich ist die notwendige Voraussetzung, daß diese Rüben im ersten Jahre nicht infiziert und erkrankt sind.

Selbstverständlich übt aber nicht nur das Alter seinen Einfluß aus, sondern der allgemeine Gesundheitszustand der Rübe überhaupt. Allgemein konnte im Freiland und auch in den Infektionsversuchen (besonders bei älteren Pflanzen, die in den Anzuchttöpfen in ihrer Entwicklung gehemmt waren) gefunden werden, daß schwächliche und nicht normal entwickelte Pflanzen leichter und stärker erkrankten als völlig gesunde. Aus diesem Grunde ist auch die allgemeine Witterung des Frühjahrs und andererseits Boden und Düngung von Wichtigkeit für die Ätiologie der Wanzenkräuselkrankheit (s. unten).

Schließlich hätte die Rübenpflanze infolge der Verschiedenheiten, die die einzelnen Kultursorten in sich bergen, vielleicht einen Einfluß auf das Zustandekommen der Kräuselkrankheit ausüben können. Aber gleichgültig, ob Zuckerrüben oder Futterrüben und die verschiedensten Sorten im Versuch angebaut wurden, bei allen durchgeprüften Sorten — von der Landwirtschaftskammer Dessau wurden 37, von mir 15 verschiedene Sorten der Infektion unterworfen — trat die Kräuselkrankheit nach Wanzenstich auf.

Außer diesen Bedingungen für das Zustandekommen der Wanzenkräuselkrankheit, die in der infizierenden Wanze und in der der Infektion unterliegenden Rübenpflanze gegeben sind, haben nun noch einige äußere Faktoren Einfluß. Es zeigte sich, daß die Temperatur bedeutungsvoll ist. Meine zu diesem Zwecke angestellten Infektionsversuche (insgesamt 116) zeigten (*61*), daß „die schwere Krankheitsform I niemals auftrat, wenn während der Saugezeit (24 Stunden) als maximale Temperatur $+13^0$ C, als minimale $\pm 0^0$ C herrschten (es fanden sich hauptsächlich dann Form III, weniger Form II), daß sie aber, wenn auch in geringer Anzahl (fünf Fälle), sich einstellte bei der Höchsttemperatur von $+12^0$ C und der niedrigsten Temperatur von $+5^0$ C während der Saugezeit, und daß schließlich die Krankheitsform I gegenüber den übrigen bedeutend vorherrschte (32 Fälle), wenn in der Saugezeit als Maximum $+16^0$ C und als Minimum $+11^0$ C oder noch höhere Temperaturen gemessen wurden. Man könnte einwenden, daß nicht die Krankheit bzw. der Krankheitsstoff, sondern die saugenden Wanzen durch die Temperaturverschiedenheit beeinflußt wurden. Das dürfte aber nicht der Fall sein, denn dann dürfte ja überhaupt keine Krankheitsform auftreten. Soll sich also die Form I ausbilden, so muß die Höchsttemperatur mindestens $+12^0$ C, die Niedrigsttemperatur mindestens $+5^0$ C betragen." Außer für die Saugezeit hat die Temperatur auch für die Inkubationszeit Wichtigkeit, denn wenn die Temperaturen innerhalb der 3 auf die Infektion folgenden Tage sinken und an $\pm 0^0$ C herankommen, so treten nicht mehr die schwere Form I, sondern mehr die leichten Formen II und III der Krankheit auf. Der spätere Temperaturablauf hat für die Entwicklung der sekundären Krankheitsmerkmale keine Bedeutung. Außer diesem unmittelbaren Einfluß der Temperatur ist noch der mittelbare zu erwähnen, der sich einmal in der Beeinflussung der Wanze durch die Temperatur (vgl. Abschn. V), insbesondere in ihrer Beweglichkeit und Nahrungsaufnahme, ausspricht, der andererseits aber auch das Wachstum der Pflanzen hemmt oder fördert, damit also schlecht oder gut entwickelte Keimlingspflänzchen schafft und so das Entstehen der Krankheit befördert oder verhindert. Für das starke Auftreten der Wanzenkräuselkrankheit ist also ein Witterungsablauf besonders vorteilhaft, der im März und April niedrige Temperaturen bringt und damit das Wachstum hemmt, und dann plötzlich Ende April und im Mai zu hohen Temperaturen übergeht: die sehr schnell auf den Temperaturanstieg reagierenden Rübenwanzen finden noch weit zurückgebliebene und schwächliche Keimlingspflänzchen.

Der unmittelbare Einfluß der Feuchtigkeit und der Niederschläge dürfte auf die Krankheit selbst, ihr Entstehen und ihren Ablauf nicht sehr groß sein. Wenigstens ließen sich keine einwandfreien Beobachtungen machen. Wohl aber besteht ein Einfluß auf die Biologie der Wanze und ebenso ein solcher auf die der Rübenpflanze und damit mittelbar also auch auf die Wanzenkräuselkrankheit. Licht und Dunkelheit üben ebenfalls keinen unmittelbaren Einfluß aus.

Boden und Düngung sind gleichfalls ohne unmittelbaren Einfluß. Die von Schubert (*47*) in dieser Richtung ausgesprochenen Meinungen sind völlig abwegig und wurden bereits früher (*61*) und in Abschnitt V, d von mir widerlegt. Die Wanzenkräuselkrankheit in allen ihren verschiedenen Erkrankungsformen konnte auf nährstoffreichen wie -armen, auf mit Kunstdünger oder Stalldünger behandelten, auf sauren wie alkalischen Böden angetroffen werden. Sie trat hauptsächlich auf physikalisch leichten, z. B. humös-sandigen Böden auf. Dagegen war sie weniger häufig oder fehlte ganz auf schweren, z. B. lehmigen und tonigen Böden. Dieser scheinbare Einfluß des Bodens ist aber nicht unmittelbar, sondern mittelbar und bedingt durch die Biologie der Rübenwanze, wie in Abschnitt V eingehend ausgeführt wurde. Selbstverständlich hat Boden und Düngung auch Einfluß auf die Entwicklung der Rübenpflanze und damit auch wieder, aber auch nur mittelbar, auf die Ätiologie der Krankheit.

d) Über den Krankheitsstoff und seine Übertragung.

Nachdem in den vorhergehenden Abschnitten die Symptomatologie und Ätiologie der Wanzenkräuselkrankheit besprochen worden waren, muß nun noch festgestellt werden, daß die Krankheit, wie schon gesagt wurde (Abschn. VI, b), durchaus nicht bei allen infizierten Rüben auftritt und dann auch nicht von allen Wanzen erzeugt werden kann. Diese beiden Feststellungen führen uns zu der wichtigen Frage, wie der Krankheitsstoff beschaffen ist, der in den Rüben die Symptome erzeugt, und der durch den Stich der *Piesma* übertragen wird. Da, wie schon in Abschnitt VI, b angeführt, durchaus nicht alle Rüben auf den Feldern und in den Infektionsreihen erkranken, so waren wir zu der Annahme eines Virus als Krankheitsstoff gelangt, der in der infizierten Pflanze eine Entwicklung durchmacht und dann die Kräuselerscheinungen erzeugt, wobei aber manche Pflanzen eine individuelle innerliche Immunität besitzen, auf Grund welcher dieses Virus unterdrückt wird und die Kräuselerscheinungen nicht auftreten können. Wir müssen also bei den Rübenpflanzen zwischen disponierten und immunen Pflanzen (gegenüber der Erkrankung) unterscheiden. Der Annahme eines Virus steht als andere Möglichkeit eine mit dem Wanzenstich verbundene, chemisch-toxische Beeinflussung gegenüber. Gegen die letztere spricht allerdings schon die Tatsache, daß ja nicht die angestochenen Organe erkranken, sondern erst später sich entwickelnde, die gar nicht mit der Wanze in irgendeine Berührung gekommen sind. Da unter dem Mikroskop auch andere Krankheitserreger (Pilze, Bakterien) in den erkrankten Organen nicht zu finden waren, mußten andere Möglichkeiten zur Erklärung der Krankheit wegfallen. Wir müssen also fragen: Handelt es sich um ein Virus oder um eine Vergiftung?

Würde die letztere Erklärung richtig sein, so müßten alle Wanzen der Art *Piesma quadrata* Fieb. die Kräuselkrankheit hervorrufen können. Das ist aber nicht der Fall: denn die in der Umgebung von Aschersleben in den sogenannten „Seeländereien" gefundenen Rübenwanzen, die an Melde und einzelnen Rübenpflanzen auf Wusthaufen lebten, erzeugten weder im Freiland, noch im Infektionsversuch die Krankheit. Ebenso wurde durch Schneider (Akten der Landwirtschaftskammer Dessau) im Dröbelschen Busch bei Bernburg festgestellt, daß sehr zahlreiche Rübenwanzen an Rüben und an Melde saugten, ohne daß die Rüben an sekundären Symptomen erkrankten. Wir haben alo damit gefunden, daß zwei Gruppen von Wanzen zu unterscheiden sind: infektiöse und nichtinfektiöse. Die ersteren leben hauptsächlich an Rüben, erzeugen sekundäre Krankheitssymptome und sind in den Schadgebieten der Wanze zu treffen; die anderen leben an Melde und vereinzelt auch än Rüben und finden sich im Verbreitungsgebiet, ausschließlich des Schadgebietes. Diese Tatsache der verschiedenen Infektiosität spricht für den Viruscharakter der Krankheit.

Wenn es sich um eine Vergiftung handelt, so müßten schon die Larven, ganz sicher aber die Vollwanzen der nachfolgenden Generation genau so die Kräuselkrankheit erzeugen können wie die voraufgehende Generation, ganz gleichgültig, ob sie an kranken oder gesunden Blättern gesogen hatten. Das ist aber, wie die von 1927 bis 1928 durchlaufenden Zuchtversuche bewiesen, niemals der Fall. Vielmehr konnten die Nachkommen infektiöser Wanzen, wenn sie mit gesunden Blättern gefüttert waren, die Krankheit niemals hervorrufen, wohl aber erkrankten die Pflanzen, wenn sie besogen wurden durch die Nachkommenschaft der infektiösen Wanzen, die an kräuselkranken Blättern großgezogen worden waren. Damit ist auch gleichzeitig bewiesen, daß die Wanzen das in ihnen vorhandene Virus nicht durch das Ei auf ihre Nachkommenschaft vererben, sondern daß jedesmal die Wanzen sich erst wieder an den kranken Pflanzen neu infizieren müssen, um Krankheitsüberträger sein zu können. Der Viruscharakter der Kräuselkrankheit dürfte damit deutlich bewiesen sein. Es muß bei dieser Gelegenheit erwähnt werden, daß Larven niemals die Erkrankung haben hervorrufen können, gleichgültig, ob sie an kräuselnden oder gesunden Blättern gezogen worden waren, sondern daß erst die Vollinsekten zur Erzeugung der Krankheit fähig waren.

Wenn wir also eine Viruskrankheit vor uns haben, so muß es auch im Versuch gelingen, die Krankheit ohne Vermittlung der Wanze von kranken auf gesunde Pflanzen zu übertragen, z. B. durch Einbringen des kranken Pflanzensaftes. Die Technik dieser Versuche wurde eingehend von mir beschrieben (61). Nachdem zunächst 1927 alle Versuche negativ verlaufen waren, gelang es in den erneuten Serien 1928 mit umfassenderem Material tatsächlich durch Einbringen des kranken Pflanzenbreies in die Keimblätter oder Laubblätter zwei- bis vierblättriger Keimlinge unter 176 künstlichen Infektionen 23 positive Resultate zu erzielen, die echte Kräuselerscheinungen zeigten, und zwar in der Mehrzahl (21) nach dem Typus II, d. h. die Pflanzen wurden deutlich krank, erholten sich dann aber wenigstens größtenteils wieder; ganz wenige (zwei) erkrankten nach Typus I. Der Prozentsatz der erkrankten beträgt also 13%, er ist im Verhältnis zu den Infektionen mit Wanzen als recht gering zu bezeichnen, ist aber immer noch höher als der bei den gleichen Versuchen mit dem Virus der sehr ähnlichen curly-top-Krankheit in Nordamerika erreichten Hundertzahl von 9 (49).

Eine weitere Überlegung über den Charakter der Wanzenkräuselkrankheit führte zu dem Gedanken, daß, falls es sich um eine Viruskrankheit handelt, die Rübenwanzen, die zunächst von Natur nicht infektiös sind, durch Saugenlassen an krankem Pflanzenmaterial zu Krankheitsüberträgern sich müßten umgestalten lassen, so daß sie dann weiterhin die Kräuselerscheinungen an gesunden Pflanzen hervorrufen könnten. Die im Jahre 1927 hierzu eingeleiteten Versuche schienen ein positives Ergebnis zu haben, dagegen verliefen die im Jahre 1928 angesetzten Wiederholungen völlig negativ. Es muß aber betont werden, daß für diese Versuche nicht sehr viel Wanzen (nur ungefähr 100) zur Verfügung standen und außerdem mit der Fütterung an Kräuselblättern wegen des späten Erscheinens der letzteren erst sehr spät begonnen werden konnte. Die Versuche können also nicht als abgeschlossen gelten und aus dem negativen Ausfall der bisherigen Versuche kann nichts definitiv Ablehnendes gegen die Virusnatur der Wanzenkräuselkrankheit erschlossen werden. Es ist auch daran zu denken, daß das Virus vielleicht im Körper der Wanze eine Entwicklung durchmachen muß, bis die Wanzen wieder infektiös werden. In freier Natur wäre das dann der Fall, wenn die Wanzen im Sommer sich an den kranken Rübenpflanzen infizieren und dann erst im nächsten Frühjahr Keimlinge wieder anstecken. Für die Annahme einer Entwicklung des Virus im Körper der Wanze spricht auch die bemerkenswerte Tatsache, daß Larven niemals die Krankheit übertragen konnten (s. oben). Um die Möglichkeit dieser Annahme zu beweisen, sind die entsprechenden Fütterungsversuche in die Wege geleitet.

Nach allen vorstehenden Versuchen ist also mit großer Sicherheit anzunehmen, daß die Wanzenkräuselkrankheit durch ein Virus erzeugt wird. Dieses Virus könnte nun außer durch den Wanzenstich und die Blattbreiinjektionen auch noch auf anderen Wegen sich übertragen lassen. Da ist zunächst die Pfropfung zu erwähnen, indem man kranke Rübenköpfe auf gesunde Rübenkörper und umgekehrt pfropft. Diese Versuche haben weder bei mir noch bei der Landwirtschaftskammer in Dessau (mündliche Mitteilung) zu Erfolgen geführt. Andere Übertragungsmöglichkeiten wären vielleicht durch den Erdboden, durch Wind, durch Wasser oder durch andere Insekten gegeben. Die drei zuerst genannten Faktoren kommen nicht in Betracht, da auf den Versuchsparzellen die unmittelbar neben den Infektionspflanzen stehenden Kontrollrüben niemals erkrankten. Von anderen Insekten wäre zunächst an die nahen Verwandten der Rübenblattwanze, nämlich an *Piesma capitata* WOLFF und an *P. maculata* LAP. zu denken. Durch Versuche (*61*) konnte gezeigt werden, daß diese Wanzen die Krankheit nicht übermitteln können. Sodann könnten andere Insekten mit saugenden Mundgliedmaßen, die sich auf Rübenfeldern in größerer Zahl finden, in Betracht kommen, wie z. B. *Lygus*-Arten (besonders *pratensis* L.), ferner Blattläuse und Zikaden. Aber obwohl in unseren Freilandversuchen diese Insekten an kranken Rüben und an Kontrollen saugend beobachtet wurden, so traten doch niemals an den letzteren Kräuselerscheinungen auf.

Es ist also damit gezeigt, daß in freier Natur eine Übertragung des Virus in den Rübenorganismus nur durch den Saugestich der *Piesma quadrata* FIEB. erfolgen kann. Wir müssen uns demnach den Vorgang der Krankheitsübertragung so vorstellen, daß beim Einführen des Stechrüssels, wahrscheinlich mit dem Speichel, das krankheitserregende Virus in die Pflanze eindringt, sozusagen injiziert wird. Andererseits wird die Wanze, welche sich an kranken Rübenblättern ernährt, mit den Pflanzensäften den Krankheitsstoff wieder einsaugen und so den Stoff in ihren Körper aufnehmen. Es ist dann ein Virus im Körper der Wanze anzunehmen, das vom Darmkanal aus zu den Speicheldrüsen auf irgendeinem Wege wandert.

Damit ist auch gleich der eine Weg gezeigt, wie das Virus bis zum nächsten Jahre den Winter überdauert, nämlich in den infektiösen Wanzen. Die andere Überwinterungsmöglichkeit ist in den im ersten Jahre erkrankten Rüben gegeben, die im nächsten Jahre als Samenrüben oder auch nur als zufällig liegengebliebene Rüben wieder austreiben. Ein weiteres Überdauern des Virus in den Samen dieser kranken zweijährigen Rüben findet aber nicht mehr statt, wie sehr zahlreiche Versuche zeigten: die Samen wanzenkranker Pflanzen ergaben nur gesunde Rübenpflanzen. Weitere Überwinterungsmöglichkeiten des Virus in anderen Pflanzen könnten noch vorhanden sein, sie sollen im folgenden Abschn. VI, e besprochen werden.

Zusammenfassend ist also festzustellen: Die Wanzenkräuselkrankheit ist eine Viruskrankheit. Sie wird übertragen nur durch den Saugestich der Wanze *Piesma quadrata* FIEB. Zur Übertragung sind nur die Vollwanzen, nicht die Larven fähig. Das Virus wird nicht von den Wanzen auf ihre Nachkommenschaft vererbt, sondern diese muß sich erst wieder selbständig an kranken Rübenpflanzen infizieren. Das Virus überwintert einmal in den infektiösen Wanzen, andererseits in den erkrankten Rübenpflanzen. Durch den Rübensamen wird das Virus nicht vererbt.

e) Die an anderen Pflanzen als Rüben beobachteten Krankheitserscheinungen, hervorgerufen durch Rübenwanzenstich.

Die Rübenwanze stach, wie Freilandbeobachtungen gezeigt hatten, nicht nur Zucker- und Futterrüben an, sondern auch andere Pflanzen, insbesondere Chenopodiaceen (vgl. Abschn. II). An diesen Nährpflanzen traten die primären Krankheitsmerkmale in Gestalt der weißen Stichflecke deutlich auf. Es ließ sich das sehr gut beobachten an *Chenopodium album*, *Chenopodium hybridum*, *Atriplex hastatum* und *Atriplex patula*. Niemals aber zeigten diese besogenen Pflanzen sekundäre Krankheitsbilder, obwohl die dicht danebenstehenden und von den gleichen Wanzen befallenen Rüben teilweise schwer gekräuselt hatten. Damit dürfte gezeigt sein, daß diese Unkräuter nicht für sekundäre Symptome disponiert, daß sie also als immun anzusehen sind. Trotzdem könnten sie vielleicht doch zur Aufbewahrung und Weiterentwicklung des Virus beitragen. Da die beobachteten Meldearten aber nicht winterüberdauernd, also nicht zweijährig sind, so kommen sie praktisch nicht für eine Weiterverbreitung und Überwinterung des Virus in Betracht.

Dagegen könnten außer der Rübe noch eine Reihe anderer Kulturpflanzen durch den Wanzenstich an sekundären Symptomen erkranken, damit dann als „Reservoir" für das Virus dienen, besonders im Falle der Zweijährigkeit, und schließlich könnten diese sekundären Symptome einen schweren wirtschaftlichen Schaden darstellen. Nachdem bereits früher (*61*) ein Versuch in kleinerem Maßstab mit Buschbohnen ein unklares Ergebnis gehabt hatte, wurden erneut Infektionsversuche mit den verschiedensten Kulturpflanzen angesetzt. Hierzu wurden besonders vorher auf ihre Infektionskraft geprüfte und positiv befundene Wanzen-

Tabelle 7.

Zur Infektion verwendete Sorten	Auftreten sekundärer Krankheitssymptome	Prozent der erkrankten Pflanzen
1. Rote Rüben, lange schwarzrote, schwarzlaubige	+	47
2. Rote Rüben, ägyptische, plattrunde, dunkelrote.	+	66
3. Mangold, grüner gewöhnlicher, Schnitt-, ...	+	66
4. Mangold, Lukullus	+	73
5. Spinat, dunkelgrüner, spätaufschießender	+	27
6. Spinat, König von Dänemark	+	40
7. Spinat, Gaudry, verbesserter, größter, Riesen-	+	28
8. Gartenmelde, gelbe	±	−
9. Gartenmelde, blutrote	±	−
10. Sauerampfer, großblättriger	+	17
11. Tomaten, Lukullus	−	−
12. Erbsen, Viktoria	−	−
13. Erbsen, Wunder von Witham	−	−
14. Erbsen, Monopol	−	−
15. Bohnen, Hinrichs Riesen, weiße	−	−
16. Bohnen, Kaiser Wilhelm	−	−
17. Bohnen, frühe braune.	−	−
18. Gurken, Grochlitzer, lange grüne volltragende.	−	−
19. Gurken, Schlangen, verbesserte extralange grüne	−	−
20. Möhren, Pariser stumpfe rote	−	−
21. Möhren, St. Valery, lange rote.	−	−
22. Möhren, Nantaise, verbesserte zylinderförmige.	−	−
23. Rotkohl, Zenith	−	−
24. Weißkohl, Glückstädter, großer runder.	−	−
25. Weißkohl, Ruhm von Enkhuizen	−	−
26. Weißkohl, Braunschweiger, größter platter weißer, I. Qual.	−	−
27. Kohlrabi, Wiener Glas-, blauer früher kleinlaubiger, I. Qual.	−	−
28. Rettich, Winter-, runder schwarzer.	−	−
29. Rettich, Winter-, langer weißer	−	−
30. Rettich, Herbst-, weißer Münchner Bier-	−	−

stämme verwendet und möglichst viele Pflanzen einer Sorte, mindestens 10, meistens aber 20, herangezogen. Ebenso wurden von einer Pflanzenart möglichst viele Kultursorten berücksichtigt. Die verschiedenen geprüften Kulturpflanzen und das Infektionsergebnis gehen hervor aus der Tabelle 7.

Aus der Übersicht dieser Tabelle ergibt sich, daß die der Zuckerrübe und Futterrübe ganz nahestehende Rote Rübe und der Mangold deutlich und in hoher Anzahl erkrankten. Das Krankheitsbild bei diesen beiden Kulturformen der *Beta vulgaris* L. ist völlig dem bei der Zucker- und Runkelrübe beschriebenen gleich. Besonders fällt bei den Roten Rüben die starke Gewichtsminderung des Rübenkörpers auf, während bei Mangold die geringe Ausbildung der Blätter und Blattstiele im Vergleich mit den normalen Kontrollen sehr deutlich ist. Die Kräuselung ist bei der Roten Rübe auch sehr bemerkenswert, dagegen bei Mangold, der von Natur schon stark gekräuselte Blätter hat, weniger sichtbar, sie spricht sich hier besonders durch das Einrollen

Abb. 38. Spinat mit künstlich infizierter Wanzenkräuselkrankheit, rechts kranke, links normale Pflanze. Originalphot.

der Blattränder aus. Der ebenfalls wie die Rübe zu den Chenopodiaceen gehörige Spinat erkrankte ebenfalls deutlich an sekundären Symptomen. Das machte sich allerdings nicht sehr klar an der rosettenförmigen Pflanze bemerkbar, sondern erst mehr an den schießenden, also Blütensprosse treibenden. Während die unbehandelten Kontrollen aufrechte gerade Stengel mit normalen Blättern und deutlichen Blattabständen ausbildeten, entwickelten sich an den erkrankenden Wanzeninfektionen nur verkümmerte kurze und gestauchte Triebe, an denen die Blätter rosetten- und quirlartig ineinander gepreßt saßen und an denen auch die einzelnen Blätter verkräuselt und gedreht waren (Abb. 38). Die ebenfalls mit der Rübe in die gleiche Familie gehörige Gartenmelde hat in der gelben und roten Kulturform sekundäre Krankheitsbilder gezeigt, die an Kräuselungen und

Wachstumshemmungen erinnerten, aber doch nicht einwandfrei auf die Wanzenkräuselung sich zurückführen ließen, da stets an den so erkrankenden Pflanzen auch sehr starker Befall von Mehltaupilzen auftrat. Ob also die Gartenmelde wirklich sekundär erkrankt, ist zunächst noch unbestimmt. Der den Chenopodiaceen nahestehende Sauerampfer schließlich zeigte das Auftreten sekundärer Krankheitssymptome nur in sehr

Abb. 39. Sauerampfer mit künstlich infizierter Wanzenkräuselkrankheit, rechts kranke, links normale Pflanze. Originalphot.

geringem Prozentsatz, aber doch deutlich. Sowohl die Blätter der Grundrosette, als auch die am Blütensproß sitzenden Blätter zeigten schwerste Kräuselerscheinungen (Abb. 39), während sonst die Pflanzen in ihrem Gesamtwachstum nicht erheblich gestört waren.

Wie die Tabelle 7 zeigt, sind die Tomaten durch den Rübenwanzenstich nicht erkrankt. Das hat mich außerordentlich überrascht, da sonst ja gerade die Tomate außerordentlich anfällig und leicht infizierbar für Krankheiten des Mosaik- und Viruscharakters ist. Um zu keinen Fehlschlüssen zu gelangen, sind mit Tomaten möglichst viele, nämlich 68 Infektionen, durchgeführt worden; die Wanzen haben auch in jedem Falle deutlich gesogen gehabt, an einzelnen Pflanzen konnten auch primäre Stichflecke festgestellt werden, aber niemals fanden sich sekundäre Symptome in irgendeiner Ausbildung, vielmehr entwickelten sich die infizierten Tomaten genau so gut wie die unbehandelten Kontrollen.

Auch die Bohnenversuche ergaben, obwohl früher (*61*) ein scheinbar positives Resultat erzielt worden war, bei größeren Wiederholungen nur ein Versagen der Infektion, es traten also keine sekundären Symptome auf. Das gleiche gilt von den übrigen in der Tabelle 7 aufgeführten Gemüsesorten.

Zusammenfassend ist also festgestellt, daß die Rübenwanze nur an den nächsten Verwandten der Rübe und einigen systematisch nahestehenden Pflanzen sekundäre Krankheitserscheinungen hervorrufen kann, daß aber für andere Pflanzen im allgemeinen keine Gefahr besteht, daß diese erkranken und daß so wirtschaftliche Schäden entstehen oder daß sich in diesen Pflanzen „Reservoire" für das Virus der Kräuselkrankheit bilden.

f) Die Wanzenkräuselkrankheit im Vergleich mit der nordamerikanischen curly-leaf-Krankheit.

In den Vereinigten Staaten von Nordamerika tritt seit ungefähr 1895 eine Blattrollkrankheit der Rüben auf, die der Wanzenkräuselkrankheit sehr ähnlich ist. Diese curly-leaf- oder curly-top-disease ist besonders in den westlichen trockenen und halbtrockenen Gebieten verbreitet und verursacht Millionenschäden besonders in den Staaten Kalifornien, Utah, Idaho, Oregon und Colorado. Näheres habe ich früher (*61*) mitgeteilt, außerdem finden sich eingehende Berichte in der nordamerikanischen Literatur (*1, 6, 7, 33*, außerdem vgl. mein Literaturverzeichnis, *61*). Beide Krankheiten ähneln sich außerordentlich in ihrer Ätiologie: die curly-leaf-Krankheit wird durch eine Zikade *Eutettix tenellus* BAKER (Familie *Jassidae*) übertragen. Die Anzahl der Zikaden spielt keine Rolle, eine Zikade kann schon typische Kräuselungen erzeugen. Als Saugezeit wurden im Minimum 5 Minuten ermittelt. Ältere Rübenpflanzen erkranken in geringerem Prozentsatz als Keimlinge, zweijährige Rüben erkranken überhaupt nicht, falls sie im ersten Jahre nicht infiziert worden waren. Jede Stelle der Pflanze kann für das Virus als Eingangspforte in die Pflanze dienen, denn das Virus wandert von Blatt zu Blatt und durch den ganzen Rübenkörper. Fernerhin gibt es infektiöse und nichtinfektiöse Zikaden. Auch bei der nordamerikanischen Krankheit folgt auf den Saugestich, der allerdings häufig nicht als primäres Symptom in Gestalt von hellen Stichflecken sichtbar zu werden braucht, eine Inkubationszeit, ehe die sekundären Merkmale auftreten. Diese Inkubationszeit beträgt für gewöhnlich 7 bis 14, minimal 4 und maximal 30 Tage. Die sekundären Krankheitserscheinungen sind ähnlich denen der Wanzenkräuselkrankheit, sie bestehen in: Aufhellung und Transparenz der Blattadern, Anschwellung und Verkrümmen derselben, schnelleres Abwelken der älteren Blätter, Einrollen der Blattränder aufwärts in Richtung auf die Mittelrippe, so daß eine tütenförmige Blattform entsteht, Stillstand im Wachstum des Rübenkörpers, Ausbildung zahlreicher Haarwürzelchen, deutliche Phloemnekrose der Gefäßstränge in den Hauptadern der Blätter und im Rübenkörper. Bei der curly-leaf-Krankheit findet sich nicht die Salatkopfbildung, da die Blattstiele sich normal nach außen krümmen, allerdings stark verkürzt sind, so daß dadurch die ganze Blattrosette unter dem normalen Durchmesser bleibt. Als zuweilen auftretendes neues Symptom sind auf den angeschwollenen Blattadern knotige Verdickungen und warzenartige Auswüchse zu nennen.

Während also in der Ätiologie recht große Ähnlichkeit mit der Wanzenkräuselkrankheit herrscht, finden sich in der Symptomatologie einige, wenn auch nicht bedeutende Unterschiede. Übereinstimmung herrscht allerdings auch im Krankheitsablauf, verschiedene Formen der Krankheit traten auf, wie z. B. Wiedergenesung oder Unterbrechung der Krankheit. Dementsprechend sind die Erntegewichte der curly-top-kranken Rüben sehr stark vermindert oder auch fast gar nicht herabgedrückt. Von Wichtigkeit ist bei dem Krankheitsablauf durchaus wieder die Inkubationszeit: ist die Rübe schon weit entwickelt beim Beginn der sekundären Krankheitszeichen, so ist die Erntegewichtsschädigung nur gering; ist die Rübe noch klein, so ist der Ernteverlust sehr bedeutend. Auf verschiedensten Wegen ist es ferner gelungen, die Virusnatur der curly-leaf-disease zu beweisen; auch die Übertragung von und auf Wildpflanzen und Kulturpflanzen gelang im weitesten Maße (51), vor allem erkrankten zahlreiche, der Rübe recht fernstehende Kulturpflanzen, wie z. B. die verschiedensten Cucurbitaceen und die Tomate (50). Da nun ebenso wie bei der Wanzenkräuselkrankheit disponierte und immune Rüben bei der curly-top-Krankheit zu finden waren, geht das Ziel der Bekämpfung der nordamerikanischen Pflanzenkrankheit auf die Züchtung von immunen Rüben. Solche sind auch bereits gefunden worden, nur waren sie so zuckerarm (nur 6%), daß ihr Anbau sich nicht lohnte (5). Es kann also festgestellt werden, daß beide Krankheiten als Viruskrankheiten aufzufassen sind, und daß sie in ihrer Ätiologie sehr weitgehend, in der Symptomatologie auch in recht vielen Punkten übereinstimmen.

Durch einen von der Landwirtschaftskammer in Dessau, allerdings zur Lösung anderer Fragen, angesetzten Versuch mit sechs curly-top-resistenten nordamerikanischen Rübensorten konnte auch die wichtige Frage gelöst werden, wie die beiden Virus sich zueinander verhalten. Die curly-top-resistenten Rüben wurden stark von Rübenwanzen befallen und erkrankten ganz deutlich mit den üblichen Erscheinungen der Wanzenkräuselkrankheit (61). ,,Damit war bewiesen, daß die Resistenz

gegen die curly-top nicht auch Widerstandsfähigkeit gegen die Wanzenkräuselkrankheit bedingt, daß also beide Krankheiten verschieden voneinander sind, und daß die beiden Virus dieser Krankheiten nicht als
die gleichen anzusehen sind."

VII. Die Bekämpfung der Rübenblattwanze und der Wanzenkräuselkrankheit.

Die bisherigen Darstellungen über die Rübenblattwanze und die
durch sie hervorgerufenen Schädigungen an der Rübe dürften mit aller
Deutlichkeit gezeigt haben, daß es sich hier um einen Schädling der Landwirtschaft handelt, der wegen der Höhe seines Schadens durchaus be-
kämpft werden muß. Welche Möglichkeiten für einen Kampf gegen
Piesma sind nun gegeben? Die Bekämpfung kann sich richten einmal
gegen die Rübenblattwanze als den Erzeuger der Pflanzenschäden, andererseits gegen die Krankheit der Rübe selbst.

a) Bekämpfung der Kräuselkrankheit selbst.

Wenn wir die Krankheit der Rüben selbst behandeln, d. h. also das
Virus in der Pflanze bekämpfen wollen, so könnte man zunächst an die
Verfahren der „inneren Therapie" denken, was besagen würde, daß man
jede einzelne Pflanze behandeln müsse. Es leuchtet ohne weiteres ein,
daß ein solches Verfahren, selbst wenn es überhaupt wirksam wäre, im
Rübenbau unrationell und undurchführbar ist.

Ein anderer Weg, der von den Nordamerikanern bei der Bekämpfung
der ähnlichen curly-leaf als gangbar erkannt wurde, dürfte auch bei der
Rübenkräuselkrankheit zum Ziele führen, das ist die Züchtung resi-
stenter oder immuner Rüben. Ich hatte bereits früher (Abschn. VI, b
und d) gezeigt, daß weder im Freiland noch im künstlichen Infektionsversuch die sämtlichen von Wanzen besogenen Rüben erkranken, daß
vielmehr einzelne Rüben gesund bleiben. Sollte diese Immunität, die
sich durch Versuche als individuelle und spontan vorhandene erweisen
ließ, vererbbar sein, so könnte man durch Züchtung zu immunen Stäm-
men gelangen, und dadurch wäre die Wanzenkrankheit für die Praxis
tatsächlich erledigt. Es erhebt sich hierbei nur noch die wichtige Frage,
wie sich der Vererbungsfaktor „immun gegen Rübenwanzenkrankheit"
zu den übrigen wichtigen und wertvollen Faktoren der Rübe, insbesondere zum Zuckergehalt, verhält, da gerade hierbei die Nordamerikaner
sehr schlechte Erfahrungen gemacht haben (vgl. Abschn. VI, f und 5).
Wie bereits gesagt, wird von der Zweigstelle Aschersleben versucht werden, aus dem bisher als immun erkannten Rübenmaterial weiterhin immune Stämme zu züchten.

Um die Krankheit zu vernichten, soll noch ein Gedanke erwähnt werden, der davon ausgeht, daß das Virus nur in den Rüben und den Wanzen überwintert, der aber als weitere Voraussetzung die noch nicht bewiesene Annahme hat, daß in keinen Wildpflanzen das Virus erhalten bleiben kann. Würde man in einem solchen Falle in einer geschlossenen Befallsgegend 1 Jahr lang radikal jeden Anbau von Rüben einstellen und unterbinden, so müßte auf Grund der Untersuchungsergebnisse rein theoretisch die Kräuselkrankheit erloschen sein. Denn die Nachkommen der zunächst noch vom Vorjahre her infektiösen Wanzen könnten nirgends das Virus wieder aufnehmen, müßten also nicht infektiös bleiben. Da zunächst noch nicht alle Voraussetzungen geklärt sind, so kommt der Erwägung dieser Bekämpfungsart nur rein theoretischer Wert zu, außerdem dürfte sie leider daran scheitern, daß der Rübenbau (Futter- und Zuckerrüben) sich in einer Gegend tatsächlich nicht, auch nur für 1 Jahr, unterbinden läßt.

b) Bekämpfung der Rübenblattwanze.

Der andere Weg der Bekämpfung richtet sich gegen den Überträger der Krankheit, gegen die Rübenblattwanze. Zu berücksichtigen wären einmal die Kampfmethode durch ihre eigenen Feinde, also die biologische Bekämpfung, dann Maßnahmen, die den Befall durch die Wanze verhindern sollen, also prophylaktische Methodik und schließlich die unmittelbare Bekämpfung des Schädlings mit technischen Mitteln. Betrachten wir

1. Die biologische Bekämpfung.

Im Abschnitt V, e hatte ich eingehend gezeigt, daß der Rübenwanze in ihrem Biotop sowohl des Sommers als auch des Winters alle Mitbewohner völlig indifferent gegenüberstehen. Es konnten weder Feinde noch Freunde ermittelt werden. Auch Raubinsekten, insektenfressende Vögel oder Säuger griffen *Piesma quadrata* niemals an. Ebenso zeigten sich in den mit größtem Material durchgeführten Zuchten niemals Parasiten. Da ferner auch ein künstlicher Parasitierungsversuch der Eier durch *Trichogramma evanescens* WESTW. fehlschlug, so dürfte nach unseren bisherigen Kenntnissen kaum auf biologischem Wege eine wirksame Bekämpfung möglich sein. EXT (*17*) hat auf die Möglichkeit der Bekämpfung durch parasitische Pilze hingewiesen, sagt aber selbst, daß diese Art der Bekämpfung ,,bei uns vorderhand noch in weiter Ferne'' liegt.

2. Die prophylaktische Bekämpfung.

Die prophylaktischen Kampfmethoden wollen einen Befall der gefährdeten Pflanzen auf verschiedenen Wegen verhindern. Durch einzelne kulturelle Maßnahmen, die in Abschnitt V, d und VI, c näher ausgeführt wurden, läßt sich der Krankheitsbefall wesentlich einschränken, da durch sie einmal das Wachstum der Pflanze gefördert, andererseits die Biologie der Wanzen gestört werden können. In Betracht kämen hier also gute Düngung, sachgemäße Bodenbearbeitung, insbesondere fleißige Hackarbeit, geeignete Fruchtfolge. Noch zu erwähnen wäre eine Entziehung von Winterverstecken für die Rübenwanze, soweit das angängig ist, insbesondere eine Entfernung der Feldraine. Denn wenn auch der größte Teil der Wanzen an der Basis von Bäumen und Sträuchern Winterquartier bezieht, so bergen doch auch die Feldraine, besonders dort, wo sie wegen Fehlens von Bäumen allein zur Überwinterung in Betracht kommen, eine beträchtliche Anzahl von Rübenwanzen. Als weitere Kulturmaßnahme ist die Aussaatzeit des Rübensamens anzuführen. Ext (*17*) hat beobachtet, daß „spät gedrillte Felder durchweg besser standen als früh gedrillte", und daraus den Schluß gezogen, den Landwirten spätes Drillen der Rübensaaten anzuraten. Die Erscheinung, daß spät auflaufende Rüben weniger stark befallen sind als die früh bestellten Felder, beruht aber auf folgendem: Da in einer Gegend doch nicht alle Besitzer dem Rat des späten Bestellens folgen und wohl auch nicht befolgen können, so locken die zuerst auflaufenden Felder die Rübenwanzen aus der Umgebung stark an und sind infolgedessen am schwersten befallen. Auf die spät gedrillte Rübensaat wandern, da die Wanze im Frühling recht seßhaft ist (Abschn. V, a), von diesen frühen Feldern keine Wanzen mehr über, sie werden also nur von wenigen Nachzüglern befallen. Sobald also tatsächlich alle Landwirte einheitlich spät drillen würden, wäre der auf richtigen Beobachtungen beruhende Rat ohne Wirkung, da dann alle spät auflaufenden Rübensaaten doch gleichmäßig befallen würden.

Die Anlockung der Rübenwanze durch früh auflaufende Rüben hat nun aber zur Ausarbeitung einer anderen und, wie die Versuche des Jahres 1928 gezeigt haben, tatsächlich ausgezeichnet wirksamen prophylaktischen Bekämpfungsart geführt, nämlich zur Fangstreifenmethode. Wie bei der Betrachtung der Biologie gezeigt wurde, wandert die Rübenwanze im Frühling von ihren Winterquartieren auf die Rübenfelder über. Will man sie also anlocken und abfangen, so muß man die Rübensaat auf den den Winterverstecken nächstgelegenen Feldteilen aussäen. Man verfährt also in der Praxis so, daß man an den gefährdeten, da an erkundete oder vermutete Winterquartiere angrenzenden Feldseiten eines Rübenschlages frühzeitig im Jahre, mindestens 2 bis 3 Wochen vor der Drillzeit des eigentlichen Rübenfeldes einen Streifen von ein bis zwei Maschinenbreiten mit Rübensaat aussät. Diese Streifen laufen frühzeitig auf und locken nun, genau wie die oben beschriebenen frühzeitig bestellten Felder, die Rübenwanzen aus den benachbarten Überwinterungsorten an. Die eigentliche Rübentafel läuft entsprechend der späteren Bestellzeit auch später auf und, da die Wanzen auf dem Fangstreifen genügend Nahrung finden und deshalb durchaus seßhaft sind, wird die eben auflaufende Saat des eigentlichen Rübenschlages nicht befallen. Der ausgedrillte Streifen hat sich also als „Fangstreifen" bewährt. Es muß jetzt aber eine weitere Behandlung des Fangstreifens einsetzen, nämlich die Vernichtung der angelockten Wanzen auf den Streifen. Denn wenn man die Wanzen nicht abtöten würde, so würden sie nach einiger Zeit doch abwandern und die eigentliche Rübentafel befallen, die ganze Methode wäre also nutzlos gewesen. Wichtig ist nun, den Zeitpunkt richtig zu finden, wo auf den Fangstreifen möglichst alle Wanzen angelockt und noch keine abgewandert sind. Nach meinen bisherigen Beobachtungen dürfte dieser Zeitpunkt mit dem der Ablage der ersten Eier zusammenfallen. Es hat sich aber herausgestellt, daß dieser Zeitpunkt der weiteren Behandlung von einem Sachverständigen bestimmt werden muß und nicht dem Landwirt überlassen bleibt. Denn es gilt hierbei sehr häufig, den leicht verständlichen Widerwillen des Landwirtes zu überwinden, den im Vergleich mit der eigentlichen Rübentafel meistens recht üppig stehenden Fangstreifen zu vernichten. Denn trotz dieses scheinbar gesunden Standes entwickeln sich auf den Fangstreifen, wie nicht weiter behandelte Versuche 1928 zeigten, später doch nur kümmerliche Kräuselrüben, die wieder die Infektionsquelle für die jungen Wanzen bilden, und außerdem wandern auch die Wanzen auf das eigentliche Rübenfeld ab und rufen dort Kräuselkrankheit hervor. Die Behandlung der Fangstreifen hat verschiedentliche Wandlungen erfahren: Zuerst empfahl man das Walzen der jungen Saat, da ja bekanntlich die jungen Rübenpflänzchen diese Maßnahme ungeschädigt vertragen und die Wanzen, besonders aber die Eier, dadurch zerquetscht werden sollten. Wie ich früher (Abschn. V, b) zeigen konnte, ist die Druckfestigkeit der Eier, besonders auf weicher Unterlage, eine ganz bedeutende, das gleiche gilt auch für die Wanzen, die sich ohne weiteres in die lockere Erdkrume drücken lassen, ohne Schaden zu nehmen. Der Druck einer Walze auf weichem beackerten Boden dürfte also nicht zur Vernichtung der Wanzen ausreichen. Sodann ging man dazu über, daß man die Fangstreifen umpflügte, um so die Wanzen samt Eiern unter die Erde zu bringen und abzutöten. Wie ohne weiteres verständlich ist, verspricht diese Maßnahme gegen die Vollwanzen nur dann Erfolg, wenn der Boden nicht in Schollen fällt, sondern lose umbricht und die Wanzen von der Oberfläche nach unten verschüttet, denn sonst arbeiten sich die sehr flinken Wanzen sofort wieder nach oben. Außerdem muß bei allen Bodenarten unbedingt nach dem Umbrechen geeggt und gewalzt werden, um die Erde fest zu packen. Daß trotzdem sich noch Wanzen in nicht unbeträchtlicher Zahl aus der Erde nach oben herausarbeiten können, beweisen die in Abschnitt V, a, 1 näher geschilderten Versuche: aus 8 cm Tiefe kamen 60 bis 70% und aus 5 cm Tiefe 70 bis 100% der Versuchswanzen wieder an die Erdoberfläche, dagegen konnten sie aus 10 und

15 cm Erdtiefe nicht wieder nach oben gelangen. Daraus ergibt sich also, daß für die Vollwanzen das Umpflügen nicht als vollausreichendes Bekämpfungsmittel anzusehen ist. Anders verhalten sich die untergepflügten Eier (vgl. Abschn. V, c): sie entwickelten sich wohl noch weiter und ergaben zu ungefähr 33% auch noch junge Larven, aber niemals konnten sich diese jungen Larven an die Erdoberfläche durcharbeiten. Für die Eier und jungen Larven wäre also das einfache Umpflügen der Fangstreifen ein gutes Vernichtungsmittel. Um die nun sehr brauchbare Fangstreifenmethode ausnützen zu können, muß zu dem Umpflügen noch eine unmittelbare Bekämpfung der erwachsenen Larven hinzutreten. Unter den verschiedenen erprobten chemischen Mitteln (s. unten) hat sich das Stäubemittel Ri 26, früher Rimex, der Chemischen Fabrik E. Merck in Darmstadt am besten bewährt, da es auch für die Pflanzen am unschädlichsten war. An und für sich könnte, da man ja den Fangstreifen umpflügt, die Wirkung des Bekämpfungsmittels auf die Pflanze vernachlässigt werden, es muß jedoch darauf Rücksicht genommen werden, daß die Fangstreifen anschließend an die Behandlung wieder mit einer späten Feldfrucht bestellt werden sollen, daß also der Erdboden keinesfalls mit einem pflanzenschädlichen Mittel behandelt werden darf. Weiterhin ist für ein solches Mittel auch erforderlich, daß es schnell wirkt, damit nämlich die Wanzen nach der Behandlung nicht mehr in der Lage sind, dem behandelten Fangstreifen zu entfliehen und auf das benachbarte eigentliche Rübenfeld abzuwandern. Diese beiden Bedingungen hat Ri 26 erfüllt. Es würde sich also die Fangstreifenmethode ungefähr folgendermaßen darstellen: Der früh gedrillte und mit Wanzen besiedelte Fangstreifen wird mit Ri 26 bestäubt — mit Hilfe eines Rückenschweflers oder eines Motorverstäubers — und anschließend umgepflügt, geeggt und gewalzt. Nach wenigen Tagen kann hier eine spätere Feldfrucht wie Kartoffeln, Mohrrüben, Kohlrüben angebaut werden, ja sogar Rüben können ohne weiteres, wie ein Versuch 1928 bewies, mit bestem Erfolge noch nachträglich auf dem Fangstreifen eingedrillt werden. So geht also das Land des Fangstreifens dem Landwirt auch im Ertrag nicht verloren, die Fangstreifenmethode verursacht nur einige Kosten und Mehrarbeit (s. unten). Wie aber die Versuche des Jahres 1928 gezeigt haben, führt diese Bekämpfungsart tatsächlich zu dem erstrebten Ziele, daß das eigentliche Rübenfeld praktisch frei von Wanzen und Kräuselkrankheit bleibt.

Nicht unerwähnt soll schließlich noch eine prophylaktische Methode bleiben, die früher viel angewendet wurde, nämlich die Anlage von Schutzstreifen. Diese Maßnahme bestand darin, daß an den gefährdeten Seiten des Rübenfeldes ein 10 bis 20 m breiter Schutzstreifen mit Hafer, Kartoffeln, Mohrrüben, Kohlrüben oder ähnlichen Pflanzen bestellt wurde. Diese Schutzstreifen sollten die Wanzen vom Auffinden und Besaugen der dahinter liegenden Rübensaat fernhalten. Wenn auch früher von Teilerfolgen dieser Methode berichtet wurde, so haben doch meine Beobachtungen gezeigt, daß diese Maßnahme nicht von befriedigenden Erfolgen begleitet ist. Die Praxis hat die Schutzstreifenmethode seit längerer Zeit fast ganz aufgegeben.

Als eine weitere prophylaktische Maßnahme ist auch die Bekämpfung der Wanzen in den Winterquartieren aufzufassen, da auf diese Weise die Schädlinge vom Rübenacker ferngehalten werden sollen. Da hier aber eine unmittelbare Behandlung der Wanze in Betracht kommt, soll diese Methode im nächsten Abschnitt näher besprochen werden.

Betrachten wir rückschauend noch einmal die prophylaktischen Maßnahmen, so gingen sie alle von der Absicht aus, die Wanzen von dem Besaugen der für den Ernteertrag bestimmten Rüben fernzuhalten. Der Grund hierfür war die durch die Beobachtung der Biologie der Wanze und der Wanzenkräuselkrankheit gewonnene Erkenntnis, daß das kurzdauernde Saugen weniger Wanzen bereits genügt, die Rübenpflanze schwer erkranken zu lassen. Damit also wäre eine unmittelbare Bekämpfung der Wanzen auf den Rübenfeldern nach und während des Saugens überhaupt zwecklos und unnötig geworden, „es sei denn, daß man durch eine radikale Vernichtung des gesamten Wanzenbestandes auf allen Feldern einer Gegend diese für die Zukunft wanzenfrei zu machen anstrebt und nicht mehr die diesjährige Rübenernte schützen will“ (61). Da aber trotzdem auch bei den prophylaktischen Methoden einige unmittelbare Bekämpfungsmaßnahmen mit in Betracht zu ziehen sind, sollen diese noch besprochen werden.

3. Die unmittelbare Bekämpfung.

Die unmittelbaren Bekämpfungsmaßnahmen gegen die Rübenwanzen können einmal mechanisch-physikalische, andererseits chemisch-toxische sein. Zu der ersten Gruppe muß man das Walzen und das Unterpflügen rechnen, die beide, wie ich oben zeigte, nicht voll wirksam sind. Ferner ist das Ziehen einer tiefen Pflugfurche rund um die gefährdeten Äcker empfohlen worden (17), ohne daß ich aber dieses „Laufgrabenverfahren“ jetzt noch angewendet gesehen hätte, noch daß ich mir wegen der geschickten Laufbewegung der Wanze einen wirksamen Schutz für die Rübenfelder aus dieser Maßnahme versprechen kann. Ebenso gehört hierher die empfohlene Vernichtung der Rübenwanzen durch Feuer, indem man das trockene Gras und Genist an Feldrainen, Wegen und Gräben, also an den Winterverstecken, nach Einwandern der Wanzen im Herbst abbrennt, wobei man einmal die Wanzen selbst treffen, andererseits aber die natürlichen Schutzbedeckungen den Wanzen entziehen will, um sie so den Witterungsunbilden zur Vernichtung preiszugeben. Meine Beobachtungen im Freiland (61) zeigten, daß trotz gut durchgeführten Abbrennens eine Abtötung der Wanze in wesentlichem Maße nicht statt-findet, daß also diese Kampfmethode keine Erfolge zeitigt.

Als letzte Gruppe von Bekämpfungsmaßnahmen sind die chemischen Methoden zu nennen. In der Arbeit von Ext (*17*) sind eine große Reihe verschiedener Mittel aufgeführt, die alle keine voll befriedigenden Er-gebnisse erzielten, nur die nach HOLLRUNG hergestellte Petroleum-Seifen-emulsion bewährte sich gut. Dieses Mittel kann auch heute noch als brauchbar gelten, wenn es nicht darauf ankommt, die Pflanzen zu scho-nen. Denn Verbrennungen sind nicht selten die Folgen der Spritzungen. Außerdem sind bei diesem Mittel stets größere Flüssigkeitsmengen zu transportieren, seine Anwendungsmöglichkeit ist deshalb beschränkt. Vorteilhafter mußten staubförmige Mittel sein, da hier der lästige Wasser-transport wegfällt.

Von den zahlreichen Bestäubungsmitteln, die erprobt wurden, hat sich nur das Mittel Rimex, jetzt Ri 26, der Chemischen Fabrik E. Merck-Darmstadt bewährt. Der toxisch wirksame Bestandteil dieses Mittels ist Veratrin. Dieses Mittel ist in gleicher Weise gegen Larven wie gegen Imagines wirksam. Die letzteren stellen, wenn sie mit dem Mittel be-stäubt werden, nach 5 Minuten die Lokomotion ein und sind fast regel-mäßig nach 10 Minuten abgetötet. Es soll unentschieden bleiben, ob Ri 26 als Nervengift, Muskelnervengift oder Atemgift wirkt. Die Kon-zentration des Stäubemittels im Freiland, d. h. die notwendige Giftmenge je Flächeneinheit, die zum Abtöten ausreicht, wurde von der Landwirt-schaftskammer für Anhalt durch einen Versuch SCHNEIDERS (aus den Akten der L.W.K.) ermittelt. Während 2 g und 5 g Rimex je 1 m² ohne Einfluß auf die Wanzen blieben, zeigten 10 g/m² völlige Abtötung der Larven und starke, aber nicht völlige Vernichtung der Wanzen. Die Konzentrationen von 12,5 g und 20 g/m² aber töteten restlos alle Ent-wicklungsstände der Wanzen ab. Für die Praxis ergibt sich daraus, daß je Morgen ungefähr 30 bis 32 kg Ri 26 anzuwenden sind. Zum Verstäuben des Mittels wendet man am vorteilhaftesten einen Rückenschwefler oder einen Motorverstäuber an, dagegen hat sich ein einfacher Stäubebeutel nicht bewährt, da bei seiner Anwendung das Mittel nicht hinreichend stark verstäubt wird. Durch das Ausstäuben des Bekämpfungspulvers auf die befallenen Äcker werden und brauchen auch nicht alle Wanzen unmittelbar getroffen zu werden, sondern die Wanzen werden sich durch das Umherkriechen auf den Äckern selbst so stark einstäuben und mit dem Mittel beschmutzen, daß sie bald eingehen. Entschieden waren auf Fangstreifen, die mit Motorverstäuber bestäubt worden waren, nach 24 Stunden keine lebenden Wanzen mehr aufzufinden. Zur Anwendung kann das Ri 26, da eine unmittelbare Bekämpfung der Wanzen auf den Rübenschlägen nach dem Stand unserer Kenntnisse über die Rüben-krankheit kaum noch in Betracht kommt, nur gelangen einmal auf den

Fangstreifen und dann zur Abtötung der Wanzen in den Winterquartieren. Daß sich die Ri 26-Bestäubung bei der Fangstreifenmethode sehr gut bewährt hat, wurde oben bereits gesagt.

Versuche, die zur unmittelbaren Abtötung der Wanzen in den Winterverstecken durchgeführt wurden, hatten im Winter kein eindeutiges Ergebnis, da das Ri 26 bei Temperaturen unter $+3^0$ C nicht hinreichende Abtötungszahlen lieferte. Diese Winterbekämpfung soll und kann nun überhaupt nicht alle Wanzen erfassen, die sich im Winterquartier befinden, sondern muß sich im Winter auf diejenigen beschränken, die am Stamm zum „Sonnen" emporklettern (vgl. Abschn. V, a, 1). Im Frühling allerdings kann man auch die abwandernden Wanzen erfassen, indem man in weiterem Umkreis um die Bäume, Sträucher usw. stäubt: gute Erfolge ließen sich mit dieser Maßnahme an verschiedenen Stellen beobachten, indem die an so bestäubte Überwinterungsplätze angrenzenden Feldstreifen keinen Wanzenbefall zeigten gegenüber stark befallenen Feldern neben unbehandelten Winterverstecken. Diese unmittelbare Wanzenbekämpfung mit dem Stäubemittel ist also recht wirksam, es dürfte sich empfehlen, sie mitten im Winter und im Vorfrühling je einmal an geeigneten Plätzen durchzuführen. Die Bekämpfung im Herbst ist ja auch wirksam, wie eigene Beobachtungen zeigten, aber sie ist wahrscheinlich deshalb nicht so sehr anzuraten, weil die Wanzen beim Aufsuchen der Winterverstecke die bestäubten meiden und sich andere unbestäubte suchen werden, so daß dann, wenn der eigentliche Winterkampf einsetzen soll, die Verstecke wanzenfrei, also nicht mehr behandlungswürdig sind. Bei diesen Bestäubungen der Wanzenverstecke darf nun nicht vergessen werden, daß es gar nicht möglich ist, in einer Feldflur alle Überwinterungsplätze zu erfassen. Daraus muß der notwendige Schluß gezogen werden, daß die Rübenwanzenbekämpfung in den Winterquartieren nur als eine ergänzende Kampfmaßnahme anzusehen ist.

c) Die erfolgreiche und der Praxis empfehlenswerte Kampfmethode

ist nach den vorstehenden Ausführungen die Anlage von Fangstreifen. Sie sei zusammenfassend nochmals kurz in Stichworten geschildert: Zwei bis drei Wochen vor dem Ausdrillen des eigentlichen Rübenschlages werden an der gefährdeten Befallsseite des Feldes ein bis zwei Maschinenbreiten Rübensaat ausgedrillt. Dieser früh auflaufende Fangstreifen lockt die Wanzen stark an. Sobald diese Eier abzulegen beginnen, wird der ganze Streifen mit Ri 26 bestäubt und danach umgepflügt, geschleppt, geeggt und gewalzt. Wenige Tage danach kann auf dem so behandelten Fangstreifen eine spätere Feldfrucht oder auch wieder Rüben bestellt werden. Durch diese Methode gelingt es, das eigentliche Rübenfeld praktisch wanzenfrei zu bekommen und der Wanzenkräuselkrankheit Herr zu werden. Besonders sei aber darauf hingewiesen, daß für den Erfolg der Kampfmethode, wie bei Bekämpfungsmaßnahmen gegen andere Schädlinge auch, nur die gemeinsame Durchführung und die Mitarbeit aller beteiligter Rübenanbauer einer Gemeinde oder Gemarkung ausschlaggebend ist. Diese Bekämpfung durch Fangstreifen stellt also nach dem augenblicklichen Stand unserer Kenntnisse die beste Lösung der Rübenblattwanzenfrage dar.

Für den praktischen Landwirt erhebt sich nun die Frage: ist eine solche Bekämpfung durch Fangstreifen auch rentabel, oder ist sie wenigstens wirtschaftlich tragbar? Was kostet also eine so durchgeführte Kampfmaßnahme? Die Landwirtschaftskammer für Anhalt hat diese Kosten berechnet und mir die Abrechnung zur Veröffentlichung gütigst zur Verfügung gestellt:

Kostenberechnung zur Rübenblattwanzenbekämpfung.

Allen Berechnungen ist ein Fangstreifen von 4 m mal 100 m zugrunde gelegt.

I. Bekämpfung mit Hilfe eines Motorverstäubers.

Verwendet wurde ein Motorverstäuber der Firma Platz-Ludwigshafen in umgeänderter Form (statt 16 nur 8 Ausströmdüsen, ursprünglich für ein Zugtier bestimmt, jetzt für zwei Zugtiere eingerichtet).

Anschaffungspreis des Motorverstäubers		RM 1500,—
Zinsen (10%)	RM 150,—	
Abschreibung (10%)	„ 150,—	
Reparaturen (5%)	„ 75,—	
	zusammen	RM 375,—

Unter Zugrundelegung von 100 Betriebsstunden im Jahr würden also die Haltungskosten des Motorverstäubers je Stunde RM 3,75 betragen. Bei einer Geschwindigkeit von 2,4 km je Stunde würde zur Behandlung eines Fangstreifens von 4 m mal 100 m (hin und zurück, davon einmal Leerlauf) eine Zeit von 5 Minuten benötigt werden. Für den Motorverstäuber selbst muß aber die doppelte Zeit in Ansatz gebracht werden, da die Inbetriebsetzung und der Anlauf erfahrungsgemäß zuweilen längere Zeit beansprucht. Die Kosten sind dann folgende:

Haltungskosten des Motorverstäubers (10 Minuten zum Stundenpreis von RM 3,75)	RM 0,63
2 Pferde und 2 Mann, 5 Minuten (in 10 Stunden RM 7,50 und RM 8,40)	„ 0,13
1 Stunde für An- und Abfahrt	„ 1,60
8 kg Ri 26 (20 g je m²) (1 kg zu RM 1,80)	„ 14,40
Betriebsstoff, einschließlich Schmieröl für 10 Minuten (1 Liter je Stunde zu RM 0,60, einschließlich Öl)	„ 0,10
	zusammen RM 16,86

110 Die Bekämpfung der Rübenblattwanze und der Wanzenkräuselkrankheit.

Nach dieser ersten Behandlung mit Ri 26 hat anschließend Umpflügen und Neubestellung einzusetzen. Hierfür ergeben sich:

a) Pflugarbeit für 4 m mal 100 m Fangstreifen (30 cm tief, bei mittlerem Boden und kleiner Fläche zwei Pferde ausreichend), Pflugleistung von zwei Pferden in 10 Stunden etwa 2000 m².

2 Pferde für 2 Stunden. . . . . RM 1,50
1 Knecht für 2 Stunden . . . . „ 0,84
¹/₂ Stunde für Hin- und Rückweg . . . . „ 0,60

zusammen RM 2,94

b) Neubestellung. Die Kosten sind je nach Bodenart, Witterungsverhältnissen und anzubauender Nachfrucht verschieden. Für mittleren Boden und bei normaler Witterung und bei Futterrüben als Nachfrucht ergibt sich:

1. Schleppen des umgepflügten Streifens (4 m mal 100 m in 5 Minuten).
    2 Pferde mit Knecht. . . . . RM 0,10
    ¹/₂ Stunde für Hin- und Rückweg . . . . . . „ 0,59

zusammen RM 0,69   RM 0,69

2. Eggen. Kleinere Arbeitsbreite als Schleppe, daher 10 Minuten Arbeitszeit.
    2 Pferde mit Knecht. . . . . RM 0,20
    ¹/₂ Stunde für Hin- und Rückweg . . . . . . „ 0,59

zusammen RM 0,79

Für zweimal Eggen (vor und nach der Bestellung) . . . . „ 1,58

3. Walzen. Arbeitszeit 5 Minuten.
    2 Pferde mit Knecht. . . . . RM 0,10
    ¹/₂ Stunde für Hin- und Rückweg . . . . . . „ 0,59

zusammen RM 0,69

Für zweimal Walzen (vor und nach der Bestellung) . . . „ 1,38

4. Drillen. Leistung mit 2 m Maschine in 10 Stunden 4,5 ha, also Zeitbedarf für 2 m mal 100 m 5 Minuten (2,4 km je Stunde).
    2 Pferde und 2 Mann . . . . RM 0,13
    2 Stunden für Hin- und Rückweg und für Instandsetzen der Maschine . . . . „ 2,36

zusammen RM 2,49   „ 2,49

5. Saatgut. 1 Zentner Futterrübensamen etwa RM 30, Aussaatmenge: 10 kg je Morgen, also auf 4 m mal 100 m: 1,6 kg . . . . RM 0,96   „ 0,96

Danach würden die Gesamtkosten der Neubestellung betragen RM 7,10
Dazu die Kosten des Umpflügens . . . . „ 2,94
Ferner die Kosten der chemischen Behandlung . . . . „ 16,86

also zusammen RM 26,90

Eine sachgemäß durchgeführte Bekämpfung eines Fangstreifens von 4 m mal 100 m mit Benutzung eines Motorverstäubers würde also

$$\text{RM } 26{,}90$$

kosten.

II. Bekämpfung mit Hilfe eines Rückenschweflers.

Zu verwenden ist ein Rückenschwefler System Holder oder Deidesheimer Apparatebau oder ähnliche Fabrikate.

Anschaffungspreis eines solchen Rückenschweflers . . . . RM 40,—

Zinsen (10%)	RM 4,—
Abschreibung (10%)	„ 4,—
Reparaturen (5%)	„ 2,—
	zusammen RM 10,—

Unter Zugrundelegung von 50 Betriebsstunden im Jahr würden die Haltungsskosten des Rückenschweflers je Stunde RM 0,20 betragen. Bei einem Reihenabstand von 0,45 m und einem Pflanzenzwischenraum von etwa 0,30 m würden bei unkrautfreiem Acker 15 g Ri 26 je 1 m² zu verstäuben sein, es wären also auf dem Fangstreifen neun Reihen zu je 100 m zu behandeln. Für diese 900 m Weg sind 15 Minuten (3,6 km je Stunde) erforderlich. Die Kosten betragen dann:

Arbeitszeit 1 Mann (15 Minuten)	RM 0,11
Hin- und Rückweg für 1 Mann ($^1/_2$ Stunde)	„ 0,21
6 kg Ri 26 (15 g je 1 m²)	„ 10,80
Haltungskosten des Apparates (15 Minuten zum Stundenpreis von RM 0,20)	„ 0,05
	zusammen RM 11,17

Zu diesen Kosten der chemischen Behandlung kämen noch die oben bereits errechneten Aufwendungen für Umpflügen und Neubestellen, d. h. RM 2,94 und RM 7,10, so daß sich dann

$$\text{RM } 21{,}21$$

als Kosten der Bekämpfung eines Fangstreifens von 4 m mal 100 m bei Benutzung des Rückenschweflers ergeben.

Aus diesen beiden Rechnungen, die selbstverständlich für die jeweiligen örtlichen Bedingungen kleine Änderungen erfahren, haben wir die Unkosten einer Rübenwanzenbekämpfung nach der empfehlenswerten Fangstreifenmethode kennen gelernt. Diese Aufwendungen sind nun aber nicht allein zu betrachten, sondern sind auf die Gesamtfläche des geschützten Rübenschlages umzurechnen. Die Rentabilität ergibt sich also erst aus dem Verhältnis des Fangstreifens zur Gesamtfläche. Wenn man annimmt, daß durch einen 100 m langen Fangstreifen ein Rübenfeld von 200 m Tiefe, also 2 ha, geschützt werden, so daß der Verlust durch die Rübenblattwanze völlig unterdrückt ist, so würde sich unter

Zugrundelegung meiner im Abschnitt VI, a mitgeteilten Verlustziffern folgende Rechnung ergeben:

> Das 2 ha große Feld, ungeschützt, erleidet durch Rübenwanzen-
> schaden einen Verlust von RM 546,55 je Hektar, besonders an
> den Randstreifen, während in der Feldmitte der Schaden nur
> die Hälfte beträgt. Der Gesamtschaden beträgt also ungefähr RM 800,—
>
> Das 2 ha große Feld, durch die empfohlene Fangstreifenmethode
> gegen Wanzenbefall geschützt, steht ganz normal und liefert
> den üblichen Ertrag. Der umgepflügte und nachbestellte
> Rand-Fangstreifen liefert auch einen normalen Ertrag. Er
> hat allerdings an Bekämpfungsarbeit (mit der Methode des
> teureren Motorverstäubers) gekostet . . . . „   26,90

Die Differenz beträgt RM 773,10

Der einsichtige Landwirt kann sich also durch die Ausgabe von RM 26,90 vor einem Verlust von etwa RM 800,— schützen, d. h. er kann so RM 773,10 gewinnen. Ich glaube, daß durch dieses durchgeführte Beispiel die Rentabilität der Methode der Rübenwanzenbekämpfung durch Fangstreifen deutlicher nicht aufgezeigt werden kann.

d) Organisation der Bekämpfung. Gesetzgebungs- und Verwaltungsmaßnahmen. Quarantäne.

Bis heute ist eine besondere Organisation zur Bekämpfung der Rübenblattwanze nicht eingerichtet worden. In Schlesien und Anhalt sind vonseiten der Landwirtschaftskammern und der Hauptstellen für Pflanzenschutz in Wort und Schrift die notwendigen Maßnahmen zur Bekämpfung des Schädlings in den betroffenen landwirtschaftlichen Kreisen verbreitet worden. Im Freistaat Anhalt hat besonders die unter Leitung des Landwirtschaftsrates O. THIELEBEIN stehende Landeskulturabteilung der Landwirtschaftskammer zur Aufklärung der Rübenanbauer in wertvoller Weise mitgewirkt, indem einerseits durch Vorträge und belehrende Artikel der Tages- und Fachpresse immer wieder auf die Bekämpfung der Rübenblattwanze hingewiesen wurde, andererseits durch die Anlage von Bekämpfungsversuchen in den befallenen Gemarkungen deutlich gezeigt wurde, wie leicht und wie wirksam man die Rübenblattwanze bekämpfen kann, wenn man nur die nötige Mühe nicht scheut. Unterstützt wurde die Anregung zur Anlage von Fangstreifen besonders dadurch, daß von seiten der Landwirtschaftskammer Saatgut für die Fangstreifen und auch für spätere Neubestellung kostenlos abgegeben wurde. Was also das Anhalter Befallsgebiet anlangt, so ist, ohne daß eine feste Organisation vorhanden ist, hinreichend für die Bekämpfung Propaganda gemacht worden. Die Verhältnisse im schlesischen Gebiet sind mir aus eigener Erfahrung nicht genügend bekannt. Es dürfte aber auch dort, wenn man nach den zahlreichen Berichten in der Tages- und

Fachpresse urteilen darf, hinreichend für Aufklärung und Organisation der Bekämpfung des Schädlings gesorgt worden sein.

Besondere Gesetzgebungs- oder Verwaltungsmaßnahmen zur Bekämpfung der Rübenblattwanze sind weder vom Reich, noch von den Ländern, noch von den Provinzial- oder Kreisverwaltungen, noch von den Gemeinden erlassen worden. Ebensowenig gibt es bis heute Einfuhr- oder Ausfuhr- oder Quarantänebestimmungen gegen die Rübenwanze oder gegen die wanzenkräuselkranken Rüben.

Literatur[1].

1. Ball, Elmer Darwin: The leafhoppers of the sugar beet and their relation to the „curly leaf" condition. U. S. Dept. Agricult. Bur. Ent., Bull. **66**, pt. 4, 33 bis 52 (1909). — **2. Boening, Karl:** Die kalifornische Blattrollkrankheit der Rübe (curly-top). Sammelreferat der wichtigsten nordamerikanischen Arbeiten. Zbl. Bakter. II, **72**, 379—398 (1927). — **3.** Ist die durch die Blattwanze hervorgerufene Erkrankung der Rübe eine Viruskrankheit? Anz. Schädlingskde. **4**, H. 1 (1928). — **4. Bugnion, E.:** Hexapoda, Insecta. In: Lang, A. und Hescheler, K., Handbuch der Morphologie der wirbellosen Tiere 4. Jena 1921.

5. Carsner, Eubanks: Resistance in sugar beets to curly top. U. S. Dept. Agricult., Dept. Circ. 388. Washington 1926. — **6.** Present status of curly-top problem from a pathological standpoint. Utah Agricult. Exper. Stat., Miscell. Public. Nr 3. Logan, Utah, 1927. — **7. Carsner, Eubanks** and **C. F. Stahl:** Studies on curly-top disease of the sugar beet. J. agricult. Res. **28**, Nr 4, 297—320 (1924.)

8. Dyckerhoff, Fritz: Die Rübenblattwanze (*Zosmenus quadratus* Fieb.). Nachr. bl. f. d. dtsch. Pflanzenschutzdienst 4, 54—56 (1924). — **9.** Über die Beobachtungen an der Rübenblattwanze (*Piesma quadrata* Fieb.) und anderen Arten der Gattung *Piesma* im Jahre 1924. Ebenda 5, 3—4 (1925). — **10.** Ergebnisse der Forschungen über die Rübenblattwanze und verwandte Arten der Gattung *Piesma* aus dem Jahre 1925. Ebenda 6, 29—31 (1926). — **11.** Die Rübenblattwanze. Biol. Reichsanst. Land- u. Forstwirtsch., Flugblatt 73, 2. Aufl. März 1927. — **12.** Infektionsversuche mit der Rübenblattwanze (*Piesma quadrata* Fieb.) an Zuckerrübenkeimlingen im Jahre 1926. Anz. Schädlingskde. **3**, 78—84 (1927).

13. Ebhardt: Koppelanlagen in Rettkau und Wegnersau. Z. d. Landwirtschaftskammer Schlesien 28, 761—762 (1924). — **14. Eisbein, C. I.:** Die kleinen Feinde des Zuckerrübenbaus, 1. Aufl. Berlin 1882. — **15. Ext, Werner:** Das Auftreten der Rübenblattwanze in Anhalt. Nachr.bl. f. d. dtsch. Pflanzenschutzdienst 2, 54—55 (1922). — **16.** Verheerendes Auftreten der Rübenblattwanze. Landw. Wschr. f. d. Prov. Sachsen 24, 325 (1922). — **17.** Zur Biologie und Bekämpfung der Rübenblattwanze *Zosmenus capitatus* Wolff. Arb. biol. Reichsanst. Land- u. Forstwirtsch. 12, 1—30 (1923). — **18.** Eine ernste Gefahr für den Rübenbau (*Zosmenus capitatus* Wolff). Dtsch. Zuckerindustrie **1923**, 739—740.

19. Fieber, Franz Xaver: Entomologische Monographien. Prag 1844. Sonderabdruck aus Abh. kgl. böhm. Ges. Wiss., 5. Folge, **3** (1843/1844). Prag 1845. — **20.** Die europäischen Hemiptera. Wien 1861.

21. Geiger, Rudolf: Das Klima der bodennahen Luftschicht. Braunschweig 1927. — **22. Grosser, W.:** Ein neuer Rübenschädling (*Piesma capitata* Wlf., Stål). Z. d. Landwirtschaftskammer Prov. Schlesien 14, 914—916 (1910). — **23.** Bericht über die Tätigkeit der agrikulturbotanischen Versuchs- und Samenkontrollstation zu Breslau (1. April 1910 bis 31. März 1911). — **24.** Die Rübenblattwanze

---

[1] Die rein nomenklatorischen Arbeiten sind auf S. 4 und 5 verzeichnet.

und ihre Bekämpfung (*Zosmenus capitatus*). Z. d. Landwirtschaftskammer Prov. Schlesien **28**, 921—922 (1924). — **25. Hallez, P.**: Orientation de l'embryon et formation du cocon chez la *Periplaneta orientalis*. C. r. Acad. Sci. **101** (1885). — **26. Handlirsch, Anton**: Der Bau des Insektenkörpers und seine Anhänge. In: Schroeder, Chr., Handbuch der Entomologie **1**, 1220 (1928). — **27. Hase, Albrecht**: Die Bettwanze, ihr Leben und ihre Bekämpfung. Monogr. angew. Entomol., Nr. 1. Berlin 1917. — **28.** Beiträge zur Lebensgeschichte der Schlupfwespe *Trichogramma evanescens* Westwood. Arb. biol. Reichsanst. Land- u. Forstwirtsch. **14**, 171—224 (1925). — **29. Heikertinger, Fr.**: Sind die Wanzen durch Ekelgeruch geschützt? Biol. Zbl. **42**, 441—464 (1922). — **30. Hüeber, Theodor**: Fauna germanica, *Hemiptera heteroptera*, H. 3. Ulm 1893. — **31.** Catalogus insectorum faunae germanicae: *Hemiptera Heteroptera*. Berlin 1910 (1902).

32. Killias, E.: Beiträge zu einem Verzeichnisse der Insektenfauna Graubündens. I. *Hemiptera heteroptera*. Sonderdruck aus Jber. naturforsch. Ges. Graubündens **22** (1879). — **33. Knowlton, George F.**: The beet leafhopper and curly-top situation in Utah. Utah agricult. Exper. Stat. Circ. **65** (1927). — **34. Kolbe, H. I.**: Einführung in die Kenntnis der Insekten. Berlin 1893. — **35. Krankheiten und Beschädigungen** der Kulturpflanzen im Jahre 1925. Mitt. Biol. Reichsanst. Land- u. Forstwirtsch. H. 32 (1927).

36. Laporte: Essai d'une classification syst. de l'ordre des Hémiptères. Guer. Mag. (1833). — **37. Laske, C.**: Seltene und einige wirtschaftlich besonders bemerkenswerte Schädlinge der Rübenpflanze in Schlesien. Z. d. Landwirtschaftskammer Prov. Schlesien **29** (1925). — **38. Le Pelletier de St. Fargeau et Serville**: Encyclopédie méthodique **10**, Entomologie. Paris 1825.

39. Neuwirth, Fr.: Über die Entstehung der Hohlräume im Rübenkopfe. Z. f. d. Zuckerindustrie d. csl. Republik **50**, 137—139 (1925).

40. Oberstein, O.: Zwei Ackerschädlinge Ostdeutschlands. Schlesien **7**, 609 bis 614 (1914).

41. Roerig und **Schwartz**: Rübenwanzen. Bericht über die Tätigkeit der ksl. Biol. Anstalt. Mitt. biol. Reichsanst. Land- u. Forstwirtsch., H. 11 (1911).

42. Schander, G. Goetze und **F. Mentzel**: Bericht über das Auftreten der Krankheiten und Beschädigungen der Kulturpflanzen im Bereich der Hauptstelle für Pflanzenschutz in Landsberg a. d. Warthe. Vegetationsperiode 1926 bis 1927. — **43. Schneider, Hubert**: Über das Zirporgan von *Piesma quadrata* Fieb. Zool. Anz. **75** (1928). — **44. Schmidt, E. W.**: Zur Mosaikkrankheit der Zuckerrübe. Ber. dtsch. bot. Ges. **45**, 598—601 (1927). — **45. Schroeder, Christoph**: Handbuch der Entomologie **2**, Kap. 8 (1928). — **46. Schubert, Wolfgang**: Die Rübenwanze, *Piesma capitata* Wolff. Z. angew. Entomol. **8**, 451—453 (1922). — **47.** Biologische Untersuchungen über die Rübenblattwanze, *Piesma quadrata* Fieb., im schlesischen Befallgebiet. Ebenda **13**, 129—155 (1927). — **48. Schwartz**: Bekämpfung tierischer Schädlinge. Mitt. biol. Reichsanst. Land- u. Forstwirtsch., H. 12, 28 (1912). — **49. Severin, H. H. P.**: Curly leaf transmission experiments. Phytopathology **14**, 80—93 (1924). — **50.** Transmission of Tomato yellows, or curly top of the sugar beet, by *Eutettix tenellus* (Baker). Hilgardia **3**, 251—271 (1928). — **51. Severin, H. H. P.** and **Charles F. Henderson**: Some host plants of curly top. Ebenda **3**, 339—384 (1928). — **52. Stephens, I. Fr.**: A systematic catalogue of British insects. London 1829. — **53. Stichel, Wolfgang**: Illustrierte Bestimmungstabellen der deutschen Wanzen. Liefg 4, 102—103. Berlin-Hermsdorf 1926.

54. Thielebein und **Schneider**: Über den gegenwärtigen Stand der Rübenblattwanzenbekämpfung. Landw. Wschr. Prov. Sachsen u. Anhalt **27**, 448—449

(1925). — **55.** Die Rübenblattwanze *Piesma quadrata* Fieb. Ill. landw. Ztg **47,** 626—627 (1927). — **56. Thielebein, O., H. Schneider** und **J. Wille:** Das Gebiet des Schadauftretens der Rübenblattwanze, *Piesma quadrata* Fieb., in Mittel- und Ostdeutschland. Nachr.bl. f. d. dtsch. Pflanzenschutzdienst 8, 3—5 (1928).

    57. Vassiliev, Eug. M.: Report on the work of the Entomological Branch of the Myco-Entomological Experiment Station of the All-Russian Society of Sugar-refiners (in Smiela, Govt. of Kiev) in 1914. Kiev 1915. Referat in The Review of applied Entomology, Ser. A, **3,** 543 (1915).

    58. Walker, Francis: Catalogue of the specimens of *Hemiptera Heteroptera* in the collection of the British Museum, Part 7, 4—5. London 1873. — **59. Weber, Hermann:** Zur vergleichenden Physiologie der Saugorgane der Hemipteren. Z. vergl. Physiol. 8, 145—186 (1928). — **60. Wille, Johannes:** Biologie und Bekämpfung der deutschen Schabe (*Phyllodromia germanica* L.). Monogr. angew. Entomol., Nr 5. Berlin 1920. — **61.** Die durch die Rübenblattwanze erzeugte Kräuselkrankheit der Rüben. Arb. biol. Reichsanst. Land- u. Forstwirtsch. **16,** 115 bis 167 (1928). — **62. Wolff, Johann Friedrich:** Abbildungen der Wanzen mit Beschreibungen, H. 4. Erlangen 1804.

    63. Zetterstedt, I. W.: Fauna insectorum Lapponica. Hamm 1829. — **64.** Insecta Lapponica. Leipzig 1840. — **65. Zweigelt, Fritz:** Beiträge zur Kenntnis des Saugphänomens der Blattläuse und der Reaktionen der Pflanzenzellen. Zbl. Bakter. II, **42,** 265—335 (1915).

Druck von Breitkopf & Härtel in Leipzig.